"十三五"国家重点图书出版规划项目

中国南方电网
CHINA SOUTHERN POWER GRID

南方电网科学研究院有限责任公司
专著出版资金资助项目

换流站电磁兼容技术及工程应用

主　编　饶　宏

副主编　崔　翔　刘　磊　余占清

中国电力出版社
CHINA ELECTRIC POWER PRESS

内 容 提 要

电磁兼容是换流站电气设计和设备制造需要面对的重要工程问题。近几年，随着高压、特高压直流输电技术在中国的快速发展，我国在换流站电磁兼容方面取得了一系列研究成果。本书基于研究成果与经验编写而成，对指导我国换流站设计、建设和运行具有十分重要的参考价值。

本书共分 5 章，主要内容有概述、换流站的电磁兼容问题、换流站传导性电磁骚扰特性及抑制措施、换流站辐射性电磁骚扰特性及抑制措施、换流站电磁兼容测量。此外，本书还在附录中给出了高压直流工程设备电磁兼容测试技术要求。

本书可供从事直流工程设计、建设和运行相关技术人员学习使用，也可供大专院校相关专业师生阅读参考。

图书在版编目（CIP）数据

换流站电磁兼容技术及工程应用／饶宏主编 . —北京： 中国电力出版社，2019.7
ISBN 978-7-5198-2640-6

Ⅰ．①换… Ⅱ．①饶… Ⅲ．①换流站－电磁兼容性－研究 Ⅳ．① TM63

中国版本图书馆 CIP 数据核字（2018）第 265383 号

出版发行：中国电力出版社
地　　址：北京市东城区北京站西街 19 号（邮政编码 100005）
网　　址：http://www.cepp.sgcc.com.cn
责任编辑：罗翠兰（010-63412428）
责任校对：黄　蓓　朱丽芳
装帧设计：张俊霞
责任印制：石　雷

印　　刷：三河市万龙印装有限公司
版　　次：2019 年 7 月第一版
印　　次：2019 年 7 月北京第一次印刷
开　　本：710 毫米 ×1000 毫米　16 开本
印　　张：9.5
字　　数：162 千字
印　　数：0001—1000 册
定　　价：58.00 元

前　言

　　"西电东送"、南北互供的电网发展战略使高压直流输电技术重要性突显。20 世纪 80 年代末以来，我国高压直流输电技术在电网互联和远距离大容量输电领域中得到飞速发展。由于其有与系统的频率无关、损耗小、输送容量大、经济性突出等优势，高压直流输电在我国电网发展规划中比例大大提高。为了进一步提高电能输送容量和距离，我国规划建设多个 ±800kV 特高压直流输电工程，±1100kV 特高压直流系统也进入研究阶段。南方电网公司已投运的云广特高压直流输电工程是世界上第一个特高压直流输电工程，在此之前国内外尚无运行实例。无论是已长期运行的直流系统还是新近研究或投运的新工程，在追求电网高可靠性的今天，其电磁兼容都是一个值得研究的问题。

　　换流站是交直流电能的交换中心，实现由交流系统到直流系统的能量传递，其运行状况直接影响整个直流输电系统甚至交流系统的安全性和稳定性。换流站电磁环境恶劣、传播途径复杂、耦合性强、敏感设备众多，电磁兼容问题尤为突出。

　　换流站换流阀工作时的频繁开断过程伴随晶闸管两端电压和晶闸管内电流的快速突变，这类电磁噪声将经过换流阀、换流变压器和线路等设备组成的换流电路在交流、直流和二次系统中产生传导电磁干扰，同时，一次设备因天线效应向空间发射持续的骚扰能量，是换流站的主要稳态骚扰源。换流站交、直流场开关数量很多，开关操作产生的暂态过程会产生高幅值、高频率的电磁噪声，影响控制、保护等敏感设备的正常运行，是最重要的暂态骚扰源。此外，雷击、系统故障等过程中都会在直流系统中引入电磁暂态，产生电磁干扰问题。

　　众多的交直流电压、电流互感器等元件连接一、二次系统，为电磁骚扰能量提供传播途径；此外，由于高频杂散参数、天线效应、线路耦合等因素的存在，电磁骚扰能量将通过电感耦合、电容耦合和空间电磁辐射等途径影响其他系统的工作。直流换流站二次系统复杂，保护、控制、通信、监测等系统在工作过程中起着至关重要的作用。这些系统大量使用电子和微电子设备，耐压性能和抗扰度都比较低。这些设备极易受到换流站稳态或暂态电磁干扰而发生有效性能中断或降低。

换流站一次系统稳态或暂态过程产生的电磁骚扰，均可能影响二次系统的正常工作，而导致系统直流输电系统故障。国内外直流系统在运行过程中均出现过电磁兼容问题造成的系统波动、停运甚至设备损坏：贵广Ⅱ回兴仁换流站单极调试过程中，交流场隔离开关操作产生的暂态骚扰对直流侧差动保护系统产生干扰，引发多次闭锁事故，原因是电磁干扰造成的保护误动；云广直流多次发生电磁干扰引起的非正常双极闭锁，造成直流工程起落点电网波动；2012 年，由于交流系统引起的电压波动，造成广东 5 回直流工程换流站同时换相失败，该过程也与系统的电磁兼容特性紧密相关。因此，直流系统电磁兼容问题，特别是抗干扰措施的设计，是直流工程设计、建设和运行过程中的关键课题之一。

国内直流输电技术应用较晚，因此换流站电磁兼容研究也较国际起步晚，早期的电力系统电磁兼容研究主要集中于交流线路和变电站相关课题。20 世纪 70 年代末，我国开始筹建直流输电实验项目，直流输电的重要性开始得到关注，但关于换流站电磁兼容的研究仍然较少。我国直流国产化项目和"十一五"支撑计划将换流站的电磁兼容问题作为重点研究内容，依托我国近年投入使用的多个超特高压直流工程，国内相关研究机构在该领域取得了显著进展。

本书立足国内外在换流站电磁兼容方面的研究前沿，结合南方电网贵广Ⅱ回、云广特高压、糯扎渡和溪洛渡直流相关研究和工程实践成果，系统介绍了换流站电磁兼容的预测、测量和解决措施，以期对直流工程换流站的设计和运行提供参考。

在本书编写过程中得到了南方电网公司、南方电网科学研究院、清华大学、华北电力大学等单位的大力支持。中南电力设计院勘测设计大师谢国恩、中国电力科学研究院专家邬雄、南方电网超高压输电公司专家肖遥对本书的编写提出了宝贵的评审修改意见，在此深表感谢。

由于编者的水平和经验有限，书中不足之处在所难免，敬请读者批评指正。

编者

2019 年 3 月

目　录

第 1 章　概　述

1.1　直流输电系统基本知识

直流输电是指以直流方式进行电能传输的技术。直流输电不仅具有输电容量大、输送距离远、线路造价低、功率损耗小等特点，还具有交流输电所没有的优点，如不存在系统稳定问题，可以快速可靠调节功率，还可以限制短路电流等。正因如此，直流输电主要应用于远距离大容量输电、交流电网之间联网、电缆输电三个方面。下面对直流输电系统的基本知识进行简要介绍。

1.1.1　直流输电系统的发展

直流输电系统的发展经历了三种基本模式。第一种是发电、输电、配电全过程均为直流电能的模式；第二种是发电与配电过程为交流电能，仅输电过程为直流电能的模式；第三种是柔性直流输电模式，它与第二种模式的主要区别是采用了可控关断型半导体器件。第一种模式不需要换流；第二种和第三种模式需要换流，但换流方式不同。

1.1.1.1　第一种模式

第一种模式的直流输电系统概念首先是由法国物理学家 Marcel Deprez 于 1881 年提出来的，即由直流发电机产生直流电能，通过输电线路向远方的直流负荷供电。1882 年，他在 57km 的电报线路上进行了直流输电系统试验，其工作电压和输电容量分别为 2.0kV 和 1.5kW。然而，由于输电线路损耗过高，这个系统（以下称 Deprez 系统）难以被实际应用。

当时，人们已经认识到提高线路电压是降低线路损耗、增加输送距离的基本途径。因此，在 Deprez 系统的基础上，人们提出了串联系统。在发电站，用电气绝缘材料将各直流发电机支撑起来，通过电气绝缘的联轴节将原动机的机械能传递给直流发电机，将各直流发电机的电气端子串联后接入输电线路。在配电站，类似于发电站的做法，用电气绝缘材料将各直流电动机支撑起来，将各直流电动机的电气端子串联后连接输电线路，直流电动机通过电气绝缘的联轴节直接驱动低电压的直流发电机或交流发电机，向当地配电网供电。

然而，这种串联系统的运行可靠性太低，系统中任何一台发电机或电动机发生故障，都将导致整个系统失去工作能力。为此，瑞士工程师 Rene Thury 对串联系统进行了重大改进，他通过在直流电机上加装自动调节器、并联短路器的方法，实现了串联系统中任何一台发电机或电动机的故障退出与重新接入以及运行调整，极大地提高串联系统的运行可靠性。1889 年，第一种模式的直流输电系统，即 Thury 串联系统在欧洲投入运行，其工作电压、输电容量、输送距离分别为 14kV、630kW 和 120km。图 1-1 给出了一个典型的 Thury 串联系统。随后，Thury 串联系统被广泛地应用于欧洲各国的直流输电。到 1912 年，Thury 串联系统的工作电压、输电容量、输送距离分别为 125kV、20MW 和 230km。

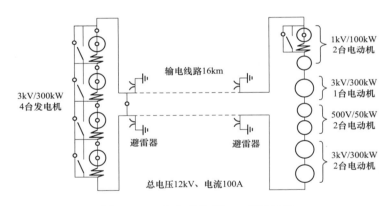

图 1-1　一个典型的 Thury 串联系统

在这个时期，交流技术也取得了快速发展。在 1884～1885 年间，匈牙利工程师 Károly Zipernowsky、Ottó Bláthy 和 Miksa Déri 提出了心式和壳式铁芯变压器技术，使得交流电压的升高和降低变得十分简单和容易。1888 年 5 月 16 日，美国科学家 Nikola Tesla 在美国电气工程师学会（AIEE）上，发表了题为 "A New System of Alternating Current Motors and Transformers（一个新的交流电动机与变压器系统）"的著名演讲，论述了多相交流技术的高效性和经济性。

与此同时，随着社会对电能需求的加大，发电站的功率迅速增长。在原动机方面，1889 年，英国工程师 Charles Parsons 制造出汽轮发电机，用于火电站的小功率低速蒸汽机被大功率高速汽轮机所替代。在发电机方面，因换向器机械不牢靠且十分复杂等原因，无法制造出适应大功率高速汽轮机要求的直流发电机，进而被三相交流大功率高速同步发电机所替代。1891 年，欧洲建设了第一个三相交流输电系统，工作电压和输送距离分别为 25kV 和 175km。随着三相交流同步发电机、变压器、异步电动机等技术的日益成熟，特别是交流输电系统的低成本投入和高额的回报，使第一种模式的直流输电系统很快就被三相交流输电系统所替代。新建的输电系统均为三相交流输电系统，原来的直流输电系统逐一被拆除或改建为三相交流输电系统。到 1937 年，第一种模式的直流输电系统不再存在，越来越多的三相交流输电系统出现在世界各地，并发展成今天占统治地位的三相交流电网。

20 世纪 50 年代后，电力需求日益增长，三相交流输电线路和交流电网迅速发展。尽管如此，交流输电技术在实际应用中也遇到了一些难以克服的困难。在远距离大容量输电方面，由于交流架空输电线路存在电容效应、趋肤效应和传输线效应，其输电容量和输送距离受到限制。在交流电网之间联网方面，一是交流技术无法实现两个不同工作频率的交流电网之间的联网；二是当两个相同工作频率的交流电网联网形成更大的交流电网后，受到系统运行稳定性差和短路容量增大等限制。在电缆输电方面，由于电缆电容远大于架空线路，电缆电容的充放电电流在电缆中产生很大损耗，严重限制了电缆输电的距离和效率。在一定条件下的技术经济比较结果表明，采用直流输电更为合理，且比交流输电有更好的经济效益和优越的运行特性。因而，直流输电重新被人们重视。

1.1.1.2　第二种模式

第二种模式的直流输电系统，又称常规直流输电系统，是建立在发电和配电均为交流电基础上的。要进行直流输电，必须解决交流电与直流电的换流问题，包括将交流电变换为直流电的整流问题，以及将直流电变换为交流电的逆变问题。因此，第二种模式的直流输电系统，是先将送端的交流电整流为直流电，由直流输电线路送到受端，再将直流电逆变为交流电，送入受端的交流电网。第二种模式的直流输电系统经历了汞弧阀换流器和晶闸管阀换流器两个阶段。

（1）汞弧阀换流器阶段。交流电与直流电的换流问题，首先是通过采用汞弧阀实现的。1901 年发明的汞弧阀只能用于整流，不能用于逆变。1914 年人们提出了栅控汞弧阀概念，并于 1928 年研制成功。栅控汞弧阀是一种具有二极管特性的离子器件。施加在阳极与阴极之间的正向电压，使器件内的汞蒸汽电离形成等离子体，从而实现阳极与阴极的正向导通。通过在栅极与阴极之间施加电压，可以对阳极与阴极正向导通的相位角进行控制。阳极与阴极之间的反向电压将使器件关断。栅控汞弧阀不但可以用于可控整流，也可以用于可控逆变，从而解决了交流电与直流电的换流问题。在1920～1940年间，各国先后研制出不同类型的大功率汞弧阀，并应用于直流输电系统。1932年，美国建成了一个连接40Hz交流电网与60Hz负荷的12kV直流输电系统。1954年，在瑞典建成了一个连接瑞典大陆与哥特兰岛的海底电缆的直流输电系统，其工作电压、输电容量和输送距离分别为100kV、20MW和90km。1977年，最后一个采用汞弧阀的直流输电系统投入运行。

1954～1977年间，全世界共有12个采用汞弧阀的直流输电系统投入运行，最高工作电压为±450kV，最大输电容量为1440MW，最长输送距离为1362km。由于汞弧阀制造技术复杂、价格昂贵、逆弧故障率较高、可靠性较低、运行维护不便等，伴随着高压大功率晶闸管阀的发明，1977年以后，新建的直流输电系统不再使用汞弧阀转而采用晶闸管阀，以前所有运行的基于汞弧阀换流器的直流输电系统，要么被停运，要么被改造成基于晶闸管阀换流器的直流输电系统。

（2）晶闸管阀换流器阶段。1957年，美国通用电气公司开发出世界上第一个晶闸管阀（又称可控硅整流器），它是一种硅四层三结的双极半导体器件，其特性与汞弧阀类似。在阳极与阴极正向电压下，通过在栅极注入小电流，可以对阳极与阴极正向导通的相位角进行控制。阳极与阴极之间的反向电压将使器件关断。20世纪70年代，高压大功率晶闸管阀以及微机控制技术开始应用于直流输电系统，使其运行性能与可靠性得到明显改善。1970年，瑞典对首先采用晶闸管阀换流器对瑞典大陆与哥特兰岛的直流输电系统进行扩建增容，将晶闸管阀换流器叠加在原有的汞弧阀换流器上，增容后工作电压由100kV提高到150kV、输电容量由20MW提高到30MW。1972年，第一个全部采用晶闸管阀换流器的80kV、320MW的背靠背直流联网工程在加拿大投入运行。1979年，莫桑比克到南非的直流输电系统投入运行，该系统全部采用晶闸管阀换流器和架空线路，其工作电压、输送距离和输电容量分别为±533kV、1410km和1920MW。此后，基于晶闸管阀换流器的高压大容量直流输电系统得到快速发展。2010年，世界上第一个±800kV特高压直流输电系统在中国投入运行，该系统采用架空线路从云南向广东送电，输电容量和输送距离分别为5000MW和1418km。同年，另一个±800kV特高压直流输电系统也在中国投运行，该系统采用架空线路从向家坝向上海送电，输电容量和输送距离分别为6400MW和2071km。2016年，世界上第一个±1100kV特高压直流输电系统在中国开工建设，该系统采用架空线路从新疆昌吉向安徽宣城送电，输电容量和输送距离分别为 12000MW 和 3324km，计划 2018 年建成投运。

从 20 世纪 80 年代开始，可关断晶闸管（GTO）、结缘栅双极晶体管（IG-BT）、集成栅极换向关断晶闸管（IGCT）等可控关断型半导体器件陆续出现。这类器件的共同特性是，在阳极与阴极正向电压下，通过在栅极上施加控制信号，既可控制阳极与阴极之间的导通，也可控制其之间的关断。因此，可控关断器件比晶闸管阀只能进行导通控制具有更好的灵活性。正是基于这个特性，可控关断器件可以被用作自换向换流器，其直流电压的极性固定，而大小通过连接的电容器来平滑。因此，这类换流器又被称为电压源换流器（VSC）。

随着高压大功率 IGBT 等可控关断器件的研制成功，原来在配电和用电系统中广泛使用的电压源换流器技术开始应用于直流输电，对应的直流输电系统被称为电压源换流器型直流输电系统（VSC HVDC）。

1.1.1.3　第三种模式

第三种模式的直流输电系统，即电压源换流器型直流输电系统，在我国又被称为柔性直流输电系统。

1997 年，ABB 公司在瑞典对基于脉宽调制（PWM）控制的电压源换流器型直流输电系统进行了工业试验，其工作电压、输电容量和输送距离分别为 10kV、3MW 和 10km，并将这种新型直流输电冠以"HVDC Light"标示。随后，人们提出了将多个电压源换流器模块进行串联构成模块化多电平换流器（MMC）的概念，Siemens 公司很快将这个概念应用于所研制的新型直流输电系统中，并冠以"HVDC PLUS"标示。无论是 HVDC Light 还是 HVDC PLUS，都属于电压源换流器型直流输电系统，在中国被称为柔性直流输电系统。2010 年，Siemens 公司在美国建设成世界第一个基于模块化多电平换流器的柔性直流输电系统，该系统采用电缆送电，工作电压、输电容量和输送距离分别为 200kV、400MW 和 85km。2011 年，中国自主研制的亚洲第一个基于模块化多电平换流器的柔性直流输电系统在上海投入运行，该系统采用电缆送电，工作电压、输电容量和输送距离分别为 ±30kV、20MW 和 8.6km。随后，柔性直流输电技术在我国得到快速发展，不仅电压等级和输送容量大幅提升，换流站端数也由双端发展到三端及以上。2013 年，世界上第一个多端柔性直流输电工程——广东南澳 ±160kV 三端柔性直流输电工程投入运行。2014 年，浙江舟山 ±200kV 五端柔性直流输电工程投入运行。2015 年，福建厦门 ±320kV、1000MW 柔性直流输电工程投入运行。

与常规直流输电相比，柔性直流输电具有如下特点：①响应速度快、可控性好、运行方式灵活；②无需无功补偿和电网支撑换相，可独立于交流电网运行，可直接向无源电网供电；③可同时控制有功功率和无功功率；④采用模块化设计，占地面积小，环境影响小等。正是这些特点，近年来柔性直流输电系统得到了快速的发展，被广泛应用于风力与太阳能发电并网、特大城市电缆输电、电网互联与电力交易、海上钻井平台与孤岛供电、多端直流互联等领域。

目前，柔性直流输电技术开始与架空线路应用相结合。人们不仅期待用柔性直流输电系统与常规直流输电系统相结合，甚至替代常规直流输电系统，而且期待构建具有网络特征的高压直流电网和低压直流配电网，以充分发挥柔性直流输电技术的特有优势。例如，中国南方电网有限责任公司将柔性直流输电技术与常规直流输电技术相结合，正在研发±800kV架空线混合直流输电技术。国家电网公司正在研发±500kV架空线的口字形四端直流电网技术。

1.1.2 常规直流输电系统的组成

无论是常规直流输电系统还是柔性直流输电系统，伴随着换流过程高压大功率半导体器件的导通或关断，换流器不仅会产生谐波，还会产生高频电磁骚扰。对于柔性直流输电系统而言，电压源换流器子模块中均有直流电容器，这些直流电容器恰好抑制了各子模块中产生的谐波和高频电磁骚扰。相对于柔性直流输电系统而言，常规直流输电系统的谐波和高频电磁骚扰更为强烈。此外，柔性直流输电系统的电磁兼容研究刚刚起步，研究成果尚不完整。所以，本书主要围绕常规直流输电系统的电磁兼容技术进行论述。下面重点介绍常规直流输电系统的组成。

目前，常规直流输电系统主要是点对点输电的两端系统。两端直流输电系统由送端的整流站、直流线路、受端的逆变站三部分组成，整流站与逆变站统称为换流站。

1.1.2.1 两端直流输电系统

两端直流输电系统又可以分为单极系统、双极系统和无直流线路的背靠背系统。

（1）单极系统。换流站出线端对地电位为正的称为正极性单极直流输电系统；反之，称为负极性单极直流输电系统。根据回流电路不同，单极系统又分为单极大地回流和单极导线回流两种方式，图1-2分别给出了这两种单极系统的示意图。

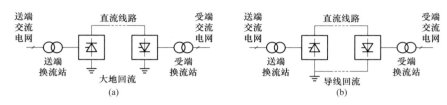

图 1-2　单极直流输电系统的示意图

（a）单极大地回流；（b）单极导线回流

图 1-2（a）所示的单极大地回流方式，利用大地或海水作为直流电流的回流电路。由于充分利用了大地或海水良好的导电特性，节省了一条回流线路，降低了线路造价。采用单极大地回流方式时，两个换流站必须设置专门的接地极，接地极一般设置在距离换流站数十千米处，并通过中低压接地极线路与换流站连接。然而，经接地极流入大地的直流电流，会在大地中产生不均匀分布的恒定电场和恒定磁场，首先对于埋设于地下的金属管道、金属设施等产生电化学腐蚀；其次对接地极附近的地震观测台站的大地电场与大地磁场观测系统产生影响；最后大地电位差会在中性点接地变压器及其交流电网中产生直流电流，可能导致变压器铁芯直流偏磁并影响其交流电网运行。此外，经接地极流入海水的直流电流，会在接地极附近的海域中产生恒定磁场，可能会对附近海域工作的磁性导航系统产生影响。这些都是考虑采用单极大地回流方式时需要注意的。

图 1-2（b）所示的单极导线回流方式，以中低压线路取代大地或海水作为回流电路。这种方式只要求回流线路在一端换流站直接接地，以固定直流输电系统各部分的对地电位，避免出现设备与线路对地电位浮动情况，确保设备与线路的电气绝缘。此时，大地中无直流电流，不会出现单极大地回流方式存在的对其他系统的电磁影响。但是，对于远距离直流输电系统而言，这种方式增加了回流线路的投资。需要综合考虑经济、技术和环境等因素，来确定是否采用单极导线回流方式。单极导线回流方式还常作为双极系统分期建设过程中的一个过渡方式。即前期先建两个单极换流器和一条双极线路，此时的双极线路分别作为直流线路和回流线路；后期再建另外两个单极换流器，然后再改为双极系统。

（2）双极系统。图 1-3 给出了一种两端换流站中性点接地方式的双极系统示意图。正极性和负极性直流线路分别与两端换流站的换流器连接，构成直流电流的闭合电路。两端换流站的中性点与两端接地极连接，构成大地或海水直流电流的通路。不难看出，图 1-3 所示的双极直流输电系统，是由两个单极大地回流方式的正极性与负极性单极系统叠加构成的，与单极大地回流方式的单极系统类似，节省了一根回流线路。

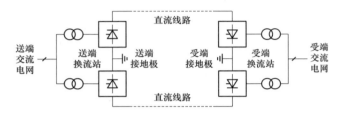

图 1-3　两端换流站中性点接地方式的双极系统示意图

如果换流站的正极性与负极性换流器运行参数相同，那么负极性线路可为正极性系统提供直流电流的回流电路，正极性线路可为负极性系统提供直流电流的回流电路，两端换流站的接地极中均无直流电流流入，接地极的作用体现在为直流输电系统中的各设备及线路提供零电位参考点。但是，由于换流站的正极性与负极性换流器可以独立控制运行，实际中的正极性与负极性系统的直流电流大小是不同的，其差被称为不平衡电流。一般而言，不平衡电流的大小只有额定电流的百分之几。这时，两端换流站的接地极就通过大地或海水，为不平衡电流提供了电流通路。由于流入大地或海水中的不平衡电流很小，不会出现单极大地回流方式单极系统存在的对其他系统的电磁影响。如果任何一极换流器发生故障，正常极先转为单极大地回流方式短时运行，待故障极被隔离后，再转为单极导线回流方式长期运行，这样还可以输送一半的电力。如果任何一极线路发生故障，正常极转为单极大地回流方式运行，也可以输送一半的电力。

除图 1-3 双极系统外，还有一端中性点接地方式和中性线方式的两种双极系统。前者只在某一端换流站的换流器中性点直接接地，另一端换流站的换流器中性点悬浮；后者是在前者的基础上，再在两端换流站的换流器中性点之间连接一条中性线路，中性线路为不平衡电流提供了电流通路，不会对其他系统产生电磁影响。与图 1-3 所示双极系统类似，任何一极换流器或线路发生故障，中性线方式容许单极运行，可以输送一半的电力。

目前，建设和运行的两端直流输电系统，主要采用图 1-3 所示的两端中性点接地方式的双极系统。

（3）背靠背系统。用于两个不同工作频率的交流电网，或工作频率相同但非同步的交流电网之间的联网或输电的两端直流输电系统。通常，背靠背系统的整流站和逆变站设备均放在一个换流站内且无输电线路，也称为背靠背换流站。由于没有输电线路，故可采用直流电压尽量低、直流电流尽量大的换流器，从而可以节省换流器以及附属设备因绝缘要求降低后的投资。在背靠背换流站内，整流器与逆变器的直流侧通过平波电抗器连接，构成直流电流回路，交流侧分别与两个交流电网连接。图1-4给出了一种由两组换流器并联的背靠背系统示意图，其特点是并联运行的各换流器可自成系统独立运行。当一组换流器故障时，不会影响另一组换流器的正常运行。换流器除可以并联外，也可以串联。串联的好处是全站可以共用一个平波电抗器，有利于进一步降低投资，但其运行灵活性较差，当一组换流器故障时，将使整个系统的运行受到影响。

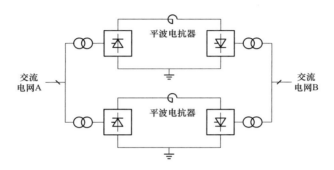

图1-4 一种由两组换流器并联的背靠背系统示意图

1.1.2.2 换流站的主要设备与设施

换流站是直流输电系统中实现交流电能与直流电能相互转换的枢纽，按不同的运行方式可以分为整流站和逆变站。通过改变换流器的触发相位，就可以实现换流器的整流或逆变运行方式。图1-5给出了一个典型换流站的构成示意图，图中双点画线区域为换流站，点画线区域为阀厅和控制楼。

从图1-5可以看出，从三相交流线路到直流线路安装的主要设备或设施依次有：交流开关设备、交流滤波器与交流无功补偿装置及站用电源、换流变压器、换流器、控制与保护装置、平波电抗器、直流开关设备、直流滤波器、远程通信系统、直流线路与接地极等。这些设备分别布置在交流开关场区域、换流变压器区域、阀厅和控制楼区域、直流开关场区域。

（1）交流开关场区域。主要包括按主接线要求进行连接的换流站交流侧开关设备、交流滤波器及无功补偿装置、交流电压与电流测量装置、交流避雷器、站用电源等。

交流开关设备、交流电压与电流测量装置、交流避雷器等与变电站的基本相同，不再赘述。

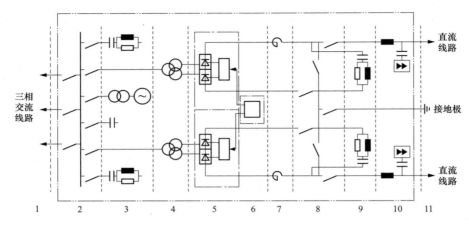

图 1-5　一个典型换流站的构成示意图

1—三相交流线路；2—交流开关设备；3—交流滤波器与交流无功补偿装置及站用电源；4—换流变压器；

5—换流器；6—控制与保护装置；7—平波电抗器；8—直流开关设备；9—直流滤波器；

10—远程通信系统；11—直流线路与接地极

交流滤波器以并联方式连接在交流母线与换流站接地网之间，在交流母线与换流站接地网之间形成一个低阻抗通路，将阀厅换流器产生的沿交流导线传导出来的谐波与高频电磁骚扰短路，阻止它们进入交流线路造成对其他电磁敏感系统的谐波和无线电干扰。此外，交流滤波器还具有向换流器提供部分基波无功功率的功能。所以，配置交流滤波器时，需要同时兼顾滤波和无功要求。交流滤波器常采用单调谐、双调谐、三调谐、高通电路以及多重调谐高通无源滤波器，有时也采用有源滤波器。

无功补偿装置主要为换流器运行提供所需要的无功功率，并保证换流站交流母线电压稳定在允许的范围之内。一般采用的无功补偿装置有交流滤波器及无功补偿电容器组、交流并联电抗器、静止补偿器、同步调相机四种形式。

站用电源主要为以下负荷提供电源：控制与保护系统的交直流电源，包括控制屏、保护屏以及某些开关设备的交流或直流操作电源；计算机监控系统的电源；换流器及换流变压器的冷却系统电源；阀厅和控制楼内的照明、采暖、空调、消防及保安系统的电源；开关场的照明及电气设备的加热电源等。

（2）换流变压器区域。换流变压器连接在换流站交流母线与换流器交流侧之间，与换流器一起实现交流电能与直流电能之间的相互转换。换流变压器容量大、台数多、占地面积较大。一般要求将换流变压器靠近阀厅布置，换流变压器的阀侧套管直接插入阀厅，以缩短换流变压器阀侧套管与阀厅之间的引线长度，减小直流侧由于绝缘污秽所引起的闪络事故。换流变压器可以是三相三绕组、三相双绕组、单相双绕组和单相三绕组型式的。

（3）阀厅和控制楼区域。阀厅内安装换流器及其相应的开关设备和过电压保护设备等，控制楼内装有控制与保护装置等。对于双极直流输电系统，一般按正极性和负极性来布置阀厅，控制楼布置在正极性阀厅与负极性阀厅之间，以节省控制与保护电缆。

换流器由三相桥式换流阀电路构成。换流阀是组成桥臂的基本单元设备，由晶闸管阀元件及其相应的电子电路、阻尼回路以及组装成阀组件所需的阳极电抗器、均压元件等通过一定的电气连接组成。目前，换流阀主要采用空气绝缘与水冷却，所以换流阀还包括阀绝缘结构、冷却回路和光缆系统。换流阀有支撑式和悬吊式两种安装形式，因抗震性能好，目前换流阀主要采用悬吊式安装。

控制与保护装置主要用于对直流输电系统的各换流阀进行快速调节，以控制直流线路输送功率的大小与方向，并满足与两侧交流电网的联合运行要求。为确保直流输电系统的可靠性和可用率，控制系统全部采用多重化设计和按层次等级的分层结构。控制系统通常按双通道设计，一个通道工作时，另一个通道处于热备用状态。控制系统从高层次到低层次一般可分为系统控制级、双极控制级、极控制级、换流器控制级、单独控制级、换流阀控制级六个层次等级。保护装置采用多套冗余配置，每套都有各自的测量、计算与电源等。保护装置一般分为站控级和设备级保护，主要包括换流器保护、极保护、双极保护、换流器交流母线和换流变压器保护等。由于换流站内各类电磁骚扰极易对控制与保护装置产生电磁干扰，所以，对控制与保护装置应有严格的电磁兼容性要求。

阀厅是一个整体金属屏蔽的封闭式建筑物。除为换流器及其附属设备等提供一个可控的良好环境空间外，还应具有很好的电磁屏蔽性能，一方面抑制换流器运行时产生的高频电磁骚扰和可听噪声对阀厅外空间的传播；另一方面屏蔽阀厅外部电磁骚扰对换流阀晶闸管控制单元的电磁干扰。对于水冷却的换流阀，阀厅内还安装了冷却水管路。为防止阀厅内设备发生火灾，阀厅内还设置了火灾探测和灭火系统。换流站运行时，阀厅大门闭锁，禁止人员进入阀厅，运行人员可以通过设在阀厅顶部的巡视通道对阀厅内进行巡视。

控制楼不仅是换流站运行的中枢，也运行人员的工作场所。除装有控制与保护装置以及通信设备外，还布置有换流阀的冷却设备、辅助电源设备等。为屏蔽换流站内各类电磁骚扰对控制与保护装置的电磁干扰，控制楼应有较高的电磁屏蔽性能。

（4）直流开关场区域。主要包括平波电抗器、直流滤波器、直流避雷器、直流测量装置、直流开关设备、远程通信系统等。

平波电抗器以串联方式连接在直流母线与换流器高压直流出线端之间。主要作用有：与直流滤波器共同组成换流站直流侧谐波电流与高频骚扰电流的滤波回路；防止直流线路或直流开关产生的陡坡电压波沿直流导线进入阀厅换流器，保护换流阀免遭过电压而损坏；对直流电流中的纹波进行平滑，避免在传输较低直流功率时电流的断续；对电压过快变化引起的电流变化率进行限制，减小换相失败率。平波电抗器既可以采用油浸式的，也可以采用干式的。

直流滤波器以并联方式连接在直流母线与换流站中性线之间，在直流母线与换流站中性线之间形成一个低阻抗通路，将阀厅内换流器产生的沿直流导线传导出来的谐波电流与高频骚扰电流短路，阻止它们进入直流线路造成对其他电磁敏感系统的谐波电流和无线电干扰。直流滤波器常采用单调谐、双调谐和三调谐电路结构的无源滤波器，有时也采用有源滤波器。

直流避雷器主要用来限制换流站直流侧产生的过电压，主要安装在换流站直流线路进线点处、直流母线处和中性母线处。目前，主要采用金属氧化物避雷器作为直流避雷器，它具有非线性伏安特性好、不需要串联间隙、结构简单等特点。

直流测量装置主要用于对换流站直流侧的直流电流和直流电压进行测量，为直流系统的控制和保护提供信号。直流电流测量装置又称为直流电流互感器，分为电磁型和光电型两种。直流电压测量装置又称为直流电压互感器，一般有两种型式：一种是在电磁型直流电流互感器串联一个高压电阻，通过测量直流电流来获得直流电压；另一种是采用电阻分压器或阻容分压器测量直流电压。

直流开关设备主要用于换流站直流侧故障的保护切除、运行方式的转换以及检修的隔离等。某些直流开关装置需要具备直流电流的转换或遮断功能。直流开关装置包括直流断路器、直流隔离开关、直流接地开关等。

远程通信系统主要用于两端换流站之间传送运行相关的调节、控制、保护等信息，可以是直流线路电力线载波通信系统、光纤通信系统、微波通信系统以及其他通信系统等。

站外接地极一方面为换流站的换流器和直流线路提供零电位参考点，另一方面为直流电流提供大地或海水通路。对于持续、长时间流入直流电流的接地极，设计时要考虑电磁场、热力学和电化学等效应。接地极可分为陆地接地极和海洋接地极两类。根据接地极所在极址的大地导电特性，陆地接地极又分为电极与地面水平埋设的浅埋型接地极和电极与地面垂直埋设的垂直型接地极。海洋接地极又分为电极沿海岸直线布置的海岸接地极和电极放置在海水中的海洋接地极。接地极一般布置在距离换流站 10～50km 范围内，还要求距离其他变电站 10km 以上。

1.2　电磁兼容基本知识

换流站不仅是交流电能与直流电能相互转换的枢纽，伴随着这个转换过程，换流站又是一个电磁环境极为恶劣和复杂的场所。为确保换流站安全可靠运行，必须解决换流站的电磁兼容问题。为此，本节对电磁兼容技术的基本知识进行介绍。

1.2.1　电磁兼容的研究对象和方法

1.2.1.1　电磁环境与电磁兼容

电磁现象是一种基本的物理现象，其分布空间、强度大小和作用方向来由电磁场描述。人们将存在于给定空间的所有电磁现象的总和称为电磁环境。电磁环境产生的原因，既有自然的又有人为的。前者包括自然界的宇宙射线、银河系的电磁噪声、太阳系的电磁扰动、大地磁场、大地电场和雷电等产生的电磁场。后者包括与人们生产和生活关系密切的各类电气与电子设备（如工业与医疗设备、输变电系统与配电网、电牵引系统、广播电视发射系统、无线通信系统、导航定位系统、电动工具、电器照明、家用电器、信息与办公自动化设备、电力电子设备、电冶金设备等）产生的电磁场，还包括那些为达到某种目的而人为制造的强电磁场，如在军事领域的电子战设备和电磁脉冲炸弹等在特定区域产生破坏或干扰敌方电子设备的强电磁场。

人类制造的各类电气与电子设备及系统，一方面产生各种电磁场而劣化电磁环境，另一方面又受其所处电磁环境的影响。人们将任何可能引起装置、设备或系统性能降低或对有生命或无生命物质产生损毁作用的电磁现象称为电磁骚扰，将电磁骚扰引起的设备、传输通道或系统性能的降低称为电磁干扰。将设备或系统面临电磁骚扰不降低运行性能的能力称为电磁抗扰度。不难看出，电磁骚扰指的是电磁现象，电磁干扰指的是电磁骚扰引起的后果，电磁抗扰度指的抵抗电磁骚扰的能力（即抗电磁干扰的能力）。

所谓电磁兼容，指的是设备或系统在其电磁环境中能正常工作且不对该环境中任何事物构成不能承受的电磁骚扰的能力。电磁兼容也可以定义为，设备或系统在共同的电磁环境中能一起执行各自功能的共存状态。所以，电磁兼容包括了两个方面的内容：一方面，设备或系统在预定的电磁环境中运行时，可按规定的安全裕度实现设计的工作性能，且不因电磁干扰而受损或产生不可接受的降级；另一方面，设备或系统在预定的电磁环境中正常地工作且不会给环境（或其他设备）带来不可接受的电磁干扰。

电磁骚扰是通过设备或系统一定的界面进行电磁作用的，这种界面被称为端口。端口一般可以分为外壳端口、交流电源端口、直流电源端口、信号端口、控制端口和接地端口，如图 1-6 所示。在这些端口中，经外壳端口的电磁骚扰是以电磁场形式进行耦合的，经其他端口的电磁骚扰均是以传导方式进行耦合的。前者称为电磁场耦合，通过电场强度、磁场强度或磁感应强度来计量；后者称为传导耦合，通过电压或电流来计量。广义地说，外壳端口与其他端口是可以互相转换，也就是说电磁场耦合与传导耦合是可以相互转换的。例如，外部电磁场作用在设备控制端口外的连接导线上并感应电流，感应电流再以传导方式进入设备控制端口并作用于控制电路；又如，由设备交流电源端口流出的高频骚扰电流，通过端口外的连接导线向外发射电磁波，劣化电磁环境。因此，正确地确定设备或系统的端口，对于限制设备或系统产生的电磁骚扰，提高设备或系统的电磁抗扰度，具有重要的意义。

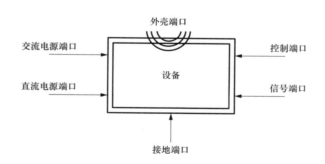

图 1-6　各种端口示意图

1.2.1.2　电磁兼容的研究内容

要解决好设备或系统的电磁兼容问题，必须紧密围绕电磁骚扰源、电磁耦合途径和电磁敏感对象三个要素开展研究。主要研究内容有：

（1）电磁骚扰源的特性，包括电磁骚扰源产生的机理、时域和频域特性、主要表征参数、抑制电磁骚扰源强度的方法等；

（2）电磁骚扰耦合机理，包括传导耦合和电磁场耦合两个方面；

（3）电磁干扰失效机理，包括元器件的损伤机理、信号畸变与控制的失效原因、性能的降低程度等；

（4）电磁干扰防护技术，包括接地、滤波、限幅、隔离、屏蔽与搭接等硬件抗干扰技术以及软件抗干扰方法；

（5）电磁兼容测量技术，包括试验场所、试验与测量设备、试验与测量方法等；

（6）电磁兼容标准研究，包括设备或系统的电磁骚扰水平、电磁抗扰度以及电磁兼容测量设备标准等。

电磁场理论是电磁兼容研究的基本理论。电路分析、信号分析、数值分析、电磁测量技术、电子技术、计算机技术等也是电磁兼容研究中常用的技术手段。在研究一个具体的电磁兼容问题时，一般采用建模仿真与试验测量相结合的研究方法。建模仿真是通过建立电磁耦合模型，利用解析或数值方法，预测计算电磁骚扰对敏感对象的耦合效应，评估抗干扰技术效果。试验测量是在电磁环境现场或特定试验环境内，或通过测量获得电磁骚扰源的特性，或应用典型电磁骚扰信号发生器和电磁耦合装置，将电磁骚扰耦合作用到电磁敏感对象上，再现电磁干扰现象，并通过试验手段研究电磁干扰机理及抗干扰技术的效果。

需要强调指出的是，解决电磁兼容问题的基本原则是，限制电磁骚扰源的强度、降低电磁耦合途径的传输效率、增强敏感对象的抗扰度。对于传导形式的电磁骚扰，可以在电路中使用接地、滤波器、磁环、浪涌抑制器、隔离变压器、光电耦合器等进行抑制；对于电磁场形式的电磁骚扰，除增加电磁骚扰源与电磁敏感对象的距离、改变它们之间的方位、合理布线等抑制措施外，还可以根据电磁骚扰源的电场、磁场或电磁场属性而分别采用静电屏蔽、磁屏蔽和电磁屏蔽进行抑制。对于一些特殊问题，还可以通过错开电磁骚扰源与电磁敏感对象的工作时间以达到时间分离等。

1.2.2　电磁干扰防护技术

电磁干扰防护技术又称为抗干扰技术。主要有接地、滤波、限幅、隔离、屏蔽与搭接等硬件抗干扰技术以及软件抗干扰方法。下面结合本书内容，仅对滤波方法和屏蔽方法进行简单介绍。

1.2.2.1　滤波方法

滤波方法是抑制以传导耦合方式传播电磁骚扰的一种方法。基本原理是，通过对有用信号和骚扰信号的频率选择，将有用信号与骚扰信号进行频率分离，滤除骚扰信号、保留有用信号。因此，滤波方法主要适用于骚扰信号的频率不同于有用信号的情况。

滤波器是实现滤波的装置。按电路的频率选择性能，滤波器可分为低通滤波器、高通滤波器、带通滤波器和带阻滤波器，其频谱响应特性如图 1-7 所示，一般将滤波器的衰减损耗为 3dB 时的频率定义为截止频率。按电路是否含有电源，滤波器又可分为有源滤波器和无源滤波器，前者系含有源元件，后者仅由无源元件组成。按电路是否有损耗，滤波器还可分为反射滤波器和损耗滤波器。前者由电感元件和电容元件组成，它将骚扰信号频率对应的能量反射给骚扰源，而不消耗能量；后者是将骚扰信号频率对应的能量损耗掉。

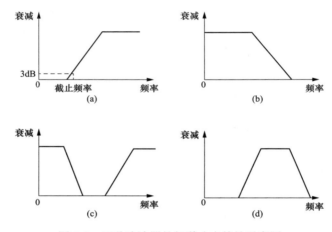

图 1-7　四种滤波器的频谱响应特性示意图

（a）低通滤波器；（b）高通滤波器；（c）带通滤波器；（d）带阻滤波器

在实际中，也常常遇到骚扰信号为一定基波频率的谐波信号。此时，可以采用谐振电路的原理，通过电感元件与电容元件的串联与并联及其组合，构成所谓的调谐滤波器。调谐滤波器对谐波骚扰信号用更好的抑制效果。

1.2.2.2　屏蔽方法

屏蔽方法是抑制以电磁场耦合方式传播电磁骚扰的方法。其基本原理是，利用导电材料或导磁材料，衰减电磁骚扰源产生的电磁场的强度。电磁骚扰源产生的电磁场可以分为电场、磁场或电磁场（又称电磁波）三类，对应的屏蔽方法分别为静电屏蔽、磁屏蔽或电磁屏蔽方法。

（1）静电屏蔽方法。静电屏蔽的示意图如图 1-8 所示，当接地的金属导体壳 2 完全包围了带电导体 1 但又互相绝缘时，导体 1 发出的电场线不能穿过导体 2，使导体壳里面的导体 1 与其外面的导体 3 之间无静电感应现象。此时称导体 2 起了屏蔽作用。这样，凡希望不影响外界的带电体或希望不受外界静电场影响的物体，均可用一个接地的金属壳罩起来。该壳称为静电屏蔽装置。如果金属壳上有孔或缝，也会有一定的静电屏蔽作用。静电屏蔽装置需要接地或接指定的固定等电位点。

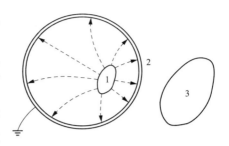

图 1-8　静电屏蔽的示意图

静电屏蔽方法不仅适用于静电场的屏蔽，也适用于频率较低的交变电场（又称电准静态场）的屏蔽。

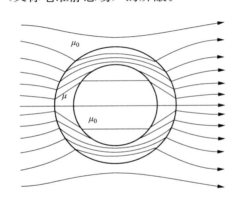

图 1-9　磁屏蔽的示意图

（2）磁屏蔽方法。磁屏蔽的示意图如图 1-9 所示，使用具有高磁导率的铁磁材料制成的空腔壳，将设备罩起来。该壳称为磁屏，它可以是全封闭的或近于封闭的。外界磁场的磁场线在磁屏的外表面处发生折射，磁场线大部分通过磁屏，而腔内的磁场线大为减少，磁场强度显著下降，达到了抑制外界磁场干扰的目的。铁磁材料的磁导率越大、磁屏的厚度越厚，屏蔽的效果越好。为了获得更好的屏蔽效果，常采用多层磁屏。磁场的屏蔽不同于电场的屏蔽，屏蔽体接地与否不影响磁屏蔽的效果。但磁屏对电场也起一定的屏蔽作用，一般也要接地。

对于频率变化较低的交变磁场（又称磁准静态场），磁屏蔽也可采用基于涡流原理的方法。导电板对交变磁场的排斥作用如图 1-10 所示，交变磁场在导电材料制成的屏蔽壳体内感生涡流，从而产生反磁场来抵消穿过屏蔽壳体的原磁场，同时增强屏蔽壳体边缘附近的磁场，使磁场线绕行而过，达到磁场屏蔽的作用。

（3）电磁屏蔽方法。用导电材料制成空腔屏蔽壳，将需要屏蔽的设备放入屏蔽壳内。电磁屏蔽示意图如图 1-11 所示，设壳板两侧介质

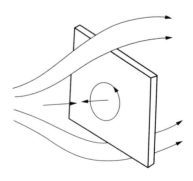

图 1-10　导电板对交变磁场的排斥作用

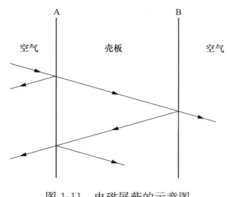

图 1-11 电磁屏蔽的示意图

均为空气。当壳体外部电磁波入射到导体板界面 A 时，由于波阻抗的突变，电磁波一部分被反射回来，其余部分通过界面 A 进入壳板内形成透射波。进入壳板内的透射波在壳板内继续传播并被迅速衰减。当透射波到达壳板另一界面 B 时，因波阻抗的突变，再次产生反射和透射，壳板界面 B 上的反射波在板板内继续多次重复上述的衰减、反射和透射

过程。最后能够通过壳板界面 B 的电磁波只剩下极小的一部分，从而阻止了壳体外部的电磁波进入到壳体内，达到电磁波屏蔽的作用。电磁屏蔽的屏蔽壳需要接地或接指定的固定等电位点。

实际中的屏蔽壳并不是完整的，屏蔽壳总会因各种原因，存在缝隙、电缆孔、通风孔、观察孔或显示孔等。这样，电磁波会通过这些缝隙或孔泄漏进去，因而破坏了屏蔽的完整性，降低了屏蔽壳的屏蔽效果。因此，在电磁屏蔽的设计中，更加需要解决屏蔽壳不完整带来的屏蔽性能下降的问题。

1.3 换流站电磁兼容简介

从图 1-5 所示换流站的构成示意图，可以看出，在换流站有限的空间内，汇集了交直流母线、交/直流开关、换流器、换流变压器、平波电抗器、交/直流滤波器、无功补偿装置、交/直流测量装置等一次设备和控制、保护、通信等二次设备。在换流站运行过程时，无论作为整流站还是作为逆变站，各类一次设备均呈现出电压高和电流大的特征。在几何尺寸固定的条件下，电压越高意味着电场强度越高，电流越大意味着磁场强度越强。此外，伴随着换流站的换流阀的导通与关断、带电导体的电晕放电、各类开关的操作等，产生了频谱非常宽的稳态或瞬态电磁场。因此，换流站内同时存在直流到谐波频段的低频电场、低频磁场以及频率高达上吉赫兹的高频稳态和瞬态电磁场，这些电磁骚扰可能会对以微电子技术和计算机技术为基础开发的对电磁骚扰敏感的控制、保护、通信等二次设备的正常工作产生影响。轻则会使其工作特性变差、控制失效、保护拒动或误动，重则会使重要信息丢失，或使二次系统瘫痪，这些都将直接影响换流站的安全和可靠运行。所以，为确保换流站安全和可靠运行，必须全

方位地深入研究换流站的电磁骚扰源的特征和电磁骚扰的耦合途径，提出各类设备的电磁抗扰度要求和措施。

1.3.1　换流站的电磁骚扰源

根据换流站的运行特点，换流站产生的各类电磁骚扰源，可以分为稳态电磁骚扰源和瞬态电磁骚扰源两类。

1.3.1.1　稳态电磁骚扰源

主要是换流站正常运行时产生的，主要包括低频电磁场和高频电磁场。

（1）低频电磁场。分为低频电场和低频磁场两部分。在换流器的交流侧，一次设备的电荷与电流以工频基波分量为主，同时含有一定的高次谐波分量。因此，交流侧的低频电场与低频磁场主要是工频电场、工频磁场以及它们的高次谐波分量；在换流器的直流侧，一次设备的电荷与电流以直流分量为主，同时也含有一定的以工频为基波的高次谐波分量。此外，一次设备局部存在的电晕放电，导致空间存在电荷。因此，直流侧的低频电场与低频磁场主要是合成电场、恒定磁场以及以工频为基波的高次谐波分量。

（2）高频电磁场。以电磁波形式传播的高频电磁场，主要是一次设备高频电流的电磁辐射产生的。换流站正常运行时产生的高频电磁场由三个方面构成。第一，交直流一次设备局部存在的电晕放电和沿面放电，无论是交流还是直流带电导体电晕放电和沿面放电的电流，均具有随机统计的高频周期特性，并产生高频电磁场；第二，换流器运行时，换流阀在每一次的导通与关断过程中，均产生上升沿极陡的电流或电压脉冲，伴随着换流阀周期性的导通与关断，也呈现出高频周期特性，不仅直接通过换流阀产生高频电磁场，也通过流入换流器两侧一次设备，继续产生高频电磁场；第三，换流站的对讲机、移动电话的无线通信设备，由于自身工作产生的高频电磁场。

1.3.1.2　瞬态电磁骚扰源

主要是换流站开关操作、系统与换流器故障、遭受雷击、静电放电等产生的，主要包括瞬态电磁场和瞬态地电位升。

（1）瞬态电磁场。第一，隔离开关和断路器的闭合或断开操作，在母线或线路上产生上升沿极陡、频率分量极宽的瞬态电压和电流，具有脉冲群的特点，在母线或线路周围空间产生瞬态电场和磁场；第二，系统与换流器故障时，在母线和线路上产生瞬态过电压和过电流，具有衰减振荡波的特点，在母线或线路周围空间产生瞬态电场和磁场；第三，母线、构架和阀厅遭受雷击时，雷击电流在换流站周围空间产生瞬态磁场；第四，天气干燥时，运行或检修人员接触控制与保护设备，或附近金属物体时，常常会产生静电放电在周围空间产生上升沿极陡的瞬态电磁场。

（2）瞬态地电位升。第一，隔离开关和断路器操作产生的瞬态电压和电流，经电容式电压互感器、气体绝缘电器外壳等设备流入换流站接地网，导致接地网产生瞬态地电位升，并在接地网不同位置之间产生瞬态地电位差；第二，系统或换流器发生接地故障时，巨大的短路电流流入接地网，也会产生接地网瞬态地电位升和地电位差；第三，遭受雷击时巨大的雷击电流流入接地网，同样会产生接地网瞬态地电位升和地电位差；第四，当运行或检修人员接触控制与保护设备时，产生的静电放电的电流经设备外壳，直接流入设备的接地系统，导致接地系统的瞬态地电位升和地电位差。

1.3.2　换流站电磁骚扰的耦合途径

这里所说的电磁骚扰的耦合途径，主要是指对控制与保护设备的电磁耦合，即通过这些耦合途径，换流站各类电磁骚扰作用到控制与保护设备的各类端口。主要体现在控制与保护设备的各类端口上。

（1）传导端口的高频电压与电流。主要由两个方面构成。第一，交直流一次设备中的高频及谐波电压和电流，通过交直流电压和电流测量装置，以传导耦合的方式，进入控制与保护设备的信号端口；第二，换流站内存在的各类高频电磁场，通过电磁场耦合的方式，在控制与保护设备电缆系统中产生高频电压和电流，并通过电缆系统作用到控制与保护设备的交直流电源端口、控制端口、信号端口或接地端口。

（2）传导端口的瞬态电压与电流。主要有四个方面：第一，母线或线路上的各类瞬态电压和电流，经过交直流电压和电流测量装置，以传导耦合的方式，进入控制与保护设备的信号端口；第二，各类瞬态电磁场，通过电磁场耦合的方式，在控制与保护设备的屏蔽电缆中产生瞬态电压和电流，并作用到控制与保护设备的各类传导端口；第三，接地网地电位升和地电位差，一方面在双端接地的屏蔽电缆的屏蔽层上产生瞬态电流，并通过屏蔽电缆的转移阻抗转换为芯线的瞬态电压，作用到控制与保护设备的各类传导端口，另一方面，直接通过接地端口进入设备，反击设备内部的电路；第四，控制与保护设备自身的对感性负载的开关操作，也会在控制与保护设备的各类传导端口产生电压快速瞬变脉冲群。

（3）外壳端口的电磁场。换流站内的各类低频电磁场、高频电磁场、瞬态电磁场，也将以电磁场耦合的方式，直接作用于控制与保护设备的外壳端口。

1.3.3　换流站设备的抗电磁干扰要求

为了保证换流站内运行人员的安全，防止对换流站周边无线电台站的电磁干扰，确保换流站控制、保护和通信设备的电磁兼容性，我国行业标准专门规定了电磁骚扰水平或设备的电磁抗扰度。主要有电磁场职业曝露限值、无线电干扰水平限值、控制与保护设备电磁抗扰度要求。

（1）电磁场职业曝露限值。

1）换流站交流侧区域：①工频电场的电场强度限值：一般区域为 10kV/m，局部区域为 15kV/m；②工频磁场的磁感应强度限值为 $500\mu T$。

2）换流站直流侧区域：①地面合成电场的电场强度限值：好天气时 30kV/m；②不做要求（直流输电线路下方恒定磁场的磁感应强度限值为 10mT）。

（2）无线电干扰限值。对换流站无线电干扰限值规定如下：当换流站从最小功率到 2h 过负荷额定值之间的任意功率运行时，由换流站产生的无线电干扰水平在图 1-12 所规定的位置和轮廓线处，不超过 40dB（$\mu V/m$）。在换流站阀厅外面不另设电磁屏蔽的条件下，在 0.5M～20MHz 以内所有频率上的无线电干扰水平应满足这一指标。规定的测量位置为：①距离换流站或临近的向换流变压器供电的交流开关场内的任何带电元件 450m 周边；②从 450m 周边距交、直流线路最边导线 150m 开始至换流站 5km 处距同一导线 40m 的直线段。

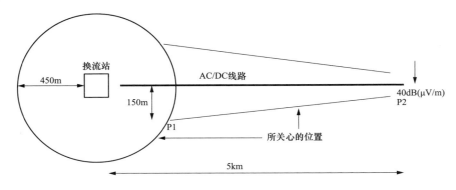

图 1-12　换流站无线电干扰限值控制范围示意图

（3）控制与保护设备电磁抗扰度要求。无论是换流站还是变电站，由于它们的电磁环境以及电磁骚扰水平基本相同，因此，对控制与保护设备的电磁抗扰度要求也基本相同。可以分为传导抗扰度、静电放电抗扰度、磁场抗扰度、射频电磁场辐射抗扰度四类。

1）传导抗扰度要求。设备对由电源线、控制线、信号线、接地线等导体引入的电磁骚扰的耐受能力要求，包括浪涌抗扰度、电快速瞬变脉冲群抗扰度、振荡波抗扰度、射频场感应的传导骚扰抗扰度、电压暂降、短时中断和电压变化抗扰度要求。

2）静电放电抗扰度要求。设备对静电放电的耐受能力要求。

3）磁场抗扰度要求。设备对外部磁场的耐受能力要求，包括工频磁场抗扰度、脉冲磁场抗扰度、阻尼振荡磁场抗扰度要求。

4）射频电磁场辐射抗扰度要求。设备对外部射频电磁场辐射的耐受能力要求。

设备电磁抗扰度要求的具体细节，可查阅相关标准，本章不再赘述。

第 2 章 换流站的电磁兼容问题

换流站是交直流电能的交换枢纽，实现交流系统与直流系统间的能量传递，其运行状况直接影响整个直流输电系统甚至交流系统的安全性和稳定性。换流站电磁环境恶劣，传播途径复杂，耦合性强，敏感设备众多，电磁兼容问题尤为突出。本章内容包括换流站电磁骚扰及对设备的影响、换流站电磁兼容标准、换流站电磁兼容测试方法、换流站电磁兼容防护。

2.1 换流站电磁骚扰及对设备的影响

换流站在正常工作或故障状态下，各种通流和带电元件都可能成为造成电磁兼容问题的电磁骚扰源或传播途径，换流站的电磁骚扰源主要包括辐射和传导两大类。换流站一、二次回路均可能受到电磁骚扰源影响，其中二次回路的电磁骚扰问题尤为严重。

2.1.1 辐射电磁骚扰

辐射骚扰能量通过空间电磁波的形式传播到敏感设备中产生干扰，随敏感设备电缆的接地方式不同形成共模和差模干扰。当较高频率电流经过换流回路时，金属导线或器件会产生明显的电磁辐射，主要的辐射体包括以下六个部分。

（1）阀厅中阀和阀电路部件上产生的辐射骚扰；

（2）阀厅中阀与穿墙套管间器件或连接线产生的辐射骚扰；

（3）换流器和交流滤波器之间电路器件或连接线产生的辐射骚扰；

（4）交流场母线和架空电力线产生的辐射骚扰；

（5）位于阀厅墙套管与直流母线（或中性母线）之间的器件或连接线产生的辐射骚扰；

（6）直流场母线和架空电力线产生的辐射骚扰。

图 2-1 为换流站辐射骚扰源示意图。

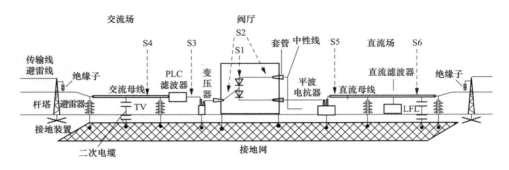

图 2-1　换流站辐射骚扰源示意图

换流阀是辐射骚扰产生的原因之一，换流阀内电压电流幅值高，且频带宽。由于换流电路结构复杂，接晶闸管和配合电路本身以及内部大量用于连接原件的线路都可能成为潜在的载流或加压导体，向空间辐射电磁能量。换流站的阀厅一般都采取了良好的电磁屏蔽，直接辐射的作用被大大削弱。无线电干扰主要来源为阀厅器件、户外交直流场及交直流输电线路的电磁辐射。

此外，当换流站附近发生雷击或开关操作产生电弧时，雷电通道和电弧通道中通过的高频暂态大电流，成为辐射源，其产生的电磁场通过空间传播进入换流站，并可能通过阀厅屏蔽进入阀厅，对相关设备造成干扰。当雷击点距离不同时，雷电电磁场对于站内设备的干扰程度和作用机理亦可能不同。

同时换流阀开断过程、雷击和开关操作产生的电磁能量也可能通过空间电磁场耦合对一、二次系统造成干扰。

在换流站中辐射骚扰通过辐射耦合的方式进入敏感设备，主要途径有：

（1）电子设备的接收天线，以及具有天线效应的输入、输出馈线和设备外壳（即开的孔、缝隙是天然的电磁波通道）；

（2）经由输电线及其配电线进入电子设备的电源系统，并以传导耦合的方式到达受感器。

2.1.2　传导电磁骚扰

换流站中内部骚扰源产生的电磁骚扰能量主要集中于主回路中，换流电路构成的电导性耦合是最主要的传播途径。在直流侧，由换流阀产生的电磁噪声沿套管、平波电抗器、母线传播到直流架空线路上；在交流侧，噪声通过套管、换流变压器、母线传播至交流母线。一些直接或通过其他装置，如电流互感器、电压互感器、载波耦合电路，与这些设备连接的系统都可能由于电导性耦合而受到骚扰源影响。图 2-2 为换流站稳态传导电磁骚扰传播途径示意图。

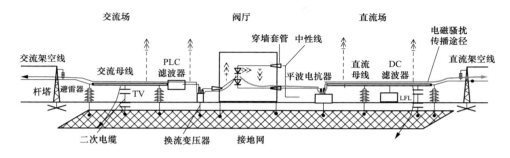

图 2-2　换流站稳态传导电磁骚扰传播途径示意图

整个网络的参数对电磁噪声的特性都可能产生影响，因此，不能简单地把电磁骚扰看作电压源或电流源，必须要考虑主回路参数变化时对骚扰源特性的影响。

主回路中的电磁骚扰能量可能引起避雷器动作、互感器饱和、直流滤波器贯穿性电流等问题，并通过多种耦合方式，进入二次系统，成为测量和保护系统电磁干扰的骚扰源，导致测量的错误和系统的故障。

2.1.3　二次回路电磁骚扰

直流换流站二次系统复杂，保护、控制、通信、监测等系统在工作过程中起着至关重要的作用，这些设备极易受到换流站稳态或暂态电磁干扰而发生功能降级。

2.1.3.1　控制保护系统电磁骚扰

与传统交流系统相比，换流站的控制保护系统更加复杂，其大量使用电子和微电子设备，耐压性能和抗扰度都比较低。骚扰源对控制保护的影响主要体现在装置和功能两个方面。一方面，换流站内的强电磁骚扰源可能通过辐射和传导的方式影响装置的正常运行，导致系统故障；另一方面，电磁骚扰可能造成控制保护系统输入/输出的数据与真实情况或设计预期不符，造成判断异常。

2007 年 7 月，在国内某工程换流站单极调试过程中，交流场隔离开关操作产生的暂态骚扰对直流侧差动保护系统产生干扰，引发多次闭锁事故，原因是电磁干扰造成的保护误动。之后在现场重复的试验表明，交流侧开关操作对电流测量信号产生干扰，干扰后的数据造成控制保护系统错误判断，该干扰可能会造成差动保护动作。

2.1.3.2　通信系统电磁骚扰

在换流站中，通信系统承担着系统控制和信息交换等多方面的作用，这对换流站的正常运行非常重要。而在换流站中，通信系统的干扰问题也比较特殊。一方面，换流站空间有限，换流电路与通信系统的介质和设备（发送和接收机）距离较近，通信系统与换流站主回路耦合强，这使得电磁骚扰能量极易进入通信系统。另一方面，由于通信系统包含大量电子和微电子设备，电子元件众多且构造复杂，这些器件的使用造成通信系统抵御电磁干扰能力非常差，且通信系统（载波、明线、无线通信系统）一般通过电介质承载电磁能量的方式进行信息传播，非常容易受到电磁干扰的影响而无法正常运行，因此通信系统将是换流站众多敏感设备中主要的研究对象。

换流站中的电力线载波（Power line Communication，PLC）通信系统是最典型的电磁骚扰敏感系统，但由于采用了 PLC 滤波器，噪声被控制在允许值内，按照规定限制设计的 PLC 通信系统有用频率不会受到影响；暂态操作时产生的衰减震荡波可能会对 PLC 通信系统产生影响，其震荡波抗扰度至少要满足 2 级抗扰度，考虑雷电波和故障的影响，建议抗扰度定位 3 级。

如果按照目前标准进行设备选择，换流站运行产生的噪声不会超过无线通信和光纤通信设备的抗扰度限值；换流站周边的通信设施只要按照目前相应的标准进行选型，也不会超过规定的抗扰度。

2.1.3.3　测量系统电磁骚扰

高压母线上的暂态过程通过静电和电磁感应耦合对二次电缆产生干扰，对于屏蔽层两端接地的二次电缆，这两种干扰由于屏蔽层的抗干扰作用，使得芯线干扰在很大程度上得以减弱。但是在足够高的频率下，电压互感器（TV）或电容式电压互感器（CVT）的二次侧会通过其一次与二次以及它们的法拉第屏蔽层之间的杂散电容而容性地耦合到高压母线。这样，高压母线上的暂态电压电流就会直接耦合到屏蔽或未屏蔽的 TV 或者 CVT 二次电缆的内部导线。这种耦合值得研究，因为它不能通过把二次电缆屏蔽来减小，而只能用冲击抑制装置来限制。为了考虑通过 TV 或者 CVT 将一次系统产生的电磁暂态传导到二次系统的特性，则 TV 或者 CVT 要采用比较复杂的模型。

2.1.3.4　供电系统电磁骚扰

换流站使用的二次设备特别是电子和微电子设备，几乎全部都需要站内电源供给，电源的质量是影响二次设备运行的主要因素。

为提高系统的可靠性，换流站二次系统通过与主回路相对独立的站用电系统获取能量。例如国内某直流工程，换流站 500/110kV 站用变压器与交流500kV 出线直接相连，站用电系统经过中压（110/10kV）、低压（400V）两个环节的电能变换为市电设备供电，直流设备从整流器充电的电池组获得能量。

从传播过程考虑，由于 500kV 出线与电网相连，母线上出线的不同频率的电磁能量大部分注入系统，进入站用电系统的电磁能量经过高压、中压和低压等多次电能转换最终到达用电设备，由于变压器对稳态电磁干扰有强烈的抑制作用，会被进一步抑制。在这种情况下，二次系统由于电源的电导性传播受到的电磁干扰与电网中其他一般系统类似，因此，换流站运行产生的电磁骚扰沿电源回路的电导性传导对二次系统造成的影响可以忽略，由于线路间耦合产生的电磁干扰将在后续部分中介绍。

2.2　换流站电磁兼容标准

在工程实践中，换流站电磁兼容问题与常规电力系统一样，从电磁骚扰发射和电磁骚扰抗扰度量方面进行统一约束。遵循相应标准，可以在较大程度上保证设计的合理性和运行的可靠性。

2.2.1　电磁骚扰发射标准

换流站的电磁骚扰发射标准主要用来规定换流站可能产生的电磁骚扰水平。

2.2.1.1　一般工业设备

在无特殊规定的情况下，一般工业设备的发射水平不能超过表 2-1 规定的发射限值（见 GB 17799《电磁兼容　通用标准》）。

表 2-1　　　　　　　　　　　　一般工业设备发射限值

端口	频率范围	限值	备注
外壳端口 测试场地： OATS 或 SAC	30M～230MHz	40dB（μV/m）（准峰值，测量距离 10m）	可在 30m 处测量，限值减少 10dB。如 IEC/CISPR 16-2-3 中所述，天线应该在 1～4m 之间变化。
	230M～1000MHz	47dB（μV/m）（准峰值，测量距离 10m）	对于测试方法的描述见 IEC/CISPR 16-2-3：2006 中 7.3 和 8
外壳端口 测试场地： FAR	30M～230MHz	52～45dB（μV/m）（准峰值，测量距离 3m）； 限值随频率的对数呈线性减小	可在更远距离测量，限值减小 20dB/10 倍距离。 对 EUT 尺寸规定见 IEC/CISPR 16-1-4：2007
	230M～1000MHz	52dB（μV/m）（准峰值，测量距离 3m）	
外壳端口 测试场地： TEM 小室	30M～230MHz	40dB（μV/m）（准峰值）	小型试品的修正因子见 IEC/CISPR 16-4-20：2010 中 A.4.3。限值基于 OATS，10m 测量距离
	230M～1000MHz	47dB（μV/m）（准峰值）	

端口	频率范围	限值	备注
外壳端口测试场地：OATS、SAC、FAR	1G～3GHz	76dB（μV/m）（峰值，测量距离3m）； 56dB（μV/m）（平均值，测量距离3m）	
	3G～6GHz	80dB（μV/m）（峰值，测量距离3m）； 60dB（μV/m）（平均值，测量距离3m）	
低压交流电源端口	0.15M～0.5MHz	79dB（μV）（准峰值）； 66dB（μV）（平均值）	
	0.5M～30MHz	73dB（μV）（准峰值）； 60dB（μV）（平均值）	
电信/网络端口	0.15M～0.5MHz	97～87dB（μV）（准峰值）； 84～74dB（μV）（平均值）； 53～43dB（μA）（准峰值）； 40～30dB（μA）（平均值）； 限值随频率的对数线性减小	
	0.5M～30MHz	87dB（μV）（准峰值）； 74dB（μV）（平均值）； 43dB（μA）（准峰值）； 30dB（μA）（平均值）	

2.2.1.2 特殊的射频设备

传导、辐射工科医设备骚扰发射要符合如下限值规定（GB 4842—1996）。设备按照表2-2～表2-4所示标准分类。

表 2-2　　　　　　　分　组　情　况

分组	1组	2组
特征	除2组设备外的其他设备	以电磁辐射、感性和/或容性耦合形式，有意产生并使用或仅使用9k～400GHz频段内射频能量的，所有用于材料处理或检验/分析目的的工科医射频设备

表 2-3　　　　　　　分　类　情　况

分类	A类	B类
特征	非家用或不直接连接到住宅低压供电系统的设备	家用设备和直接连接到住宅低压供电系统的设备

表 2-4　　　　　　　　　　　　　特殊的射频设备传导干扰限值

频段（MHz）	干扰限值［dB（μV）］					
	1组 A 类				1组 B 类	
	额定输入功率≤20kVA		额定输入功率＞20kVA			
	准峰值	平均值	准峰值	平均值	准峰值	平均值
0.15～0.5	79	66	100	90	66～56*	56～46*
0.5～5	73	60	86	76	56	46
5～30	73	60	90～73*	80～60*	60	50

频段（MHz）	2组 A 类				2组 B 类	
	额定输入功率≤75kVA		额定输入功率＞75kVA			
	准峰值	平均值	准峰值	平均值	准峰值	平均值
0.15～0.5	100	90	130	120	66～56*	56～46*
0.5～5	86	76	125	115	56	46
5～30	90～73*	80～60*	115	105	60	50

＊随频率对数线性减小。

2.2.1.3　架空线发射标准

参考 GB 15707—1995《高压交流架空送电线无线电干扰限值》频率为 0.5MHz 时，高压交流架空送电线无线电干扰限值如表 2-5 所列。

表 2-5　　　　　　　无线电干扰限值（距边导线投影 20m 处）

电压（kV）	110	220～330	550	750	1000
无线电干扰限值［dB（μV/m）］	46	53	55	58	58

架空送电线无线电干扰限值按照下列公式修正：

$$\Delta E = 5[1 - 2(\lg 10 f)^2] \tag{2-1}$$

或

$$\Delta E = 20\lg \frac{1.5}{0.5 + f^{1.75}} - 5 \tag{2-2}$$

式中　ΔE——相对于 0.5MHz 的干扰场强的增量，dB（μV/m）；

　　　f——频率，MHz。

式（2-1）的适用频率范围为 0.15M～4MHz。

距边导线投影不为 20m 处测量的无线电干扰场强按照式（2-3）修正到 20m 处。

架空送电线干扰距离特性由下式表示：

$$E_x = E + k\lg \frac{400 + (H-h)^2}{x^2 + (H-h)^2} \tag{2-3}$$

式中　E_x——距边导线投影 x m 处干扰场强，dB（μV/m）；

　　　E——距边导线投影 20m 处干扰场强，dB（μV/m）；

　　　x——距边导线投影距离，m；

　　　H——边导线在测点处对地高度，m；

　　　h——测量仪天线的假设高度，m；

　　　k——衰减系数。

对 0.15M～0.4MHz 频段，k 取 18；对 0.4M～30MHz 频段，k 取 16.5。适用于距边导线投影距离小于 100m 处。

由式（2-4）可计算 0.5MHz 时高压架空送电线的无线电干扰场强。

$$E = 3.5g_{\max} + 12r - 30 + 33\lg \frac{20}{D} \qquad (2\text{-}4)$$

式中　E——无线电干扰场强，dB（μV/m）；

　　　$g_{\max}$——导线表面最大电位梯度，kV/cm；

　　　r——导线半径，cm；

　　　D——被干扰点距导线的直接距离，m。

根据式（2-4）计算出高压架空送电线三相导线的每相在某一点产生的无线电干扰场强，如果有一相的无线电干扰场强值至少大于其余的每相的 3dB（μV/m），则高压架空送电线无线电干扰场强值即为该场强，否则按照下式计算：

$$E = \frac{E_1 + E_2}{2} + 1.5 \qquad (2\text{-}5)$$

式中　E——高压架空送电线无线电干扰场强，dB（μV/m）；

　E_1，E_2——分别为三相导线中的最大两个无线电干扰场强，dB（μV/m）。

由式（2-5）计算结果是好天气的 50％无线电干扰场强值，80％时间，具有 80％置信度的无线电干扰场强值可由该值增加 6～10dB（μV/m）得到。

2.2.2　电磁骚扰抗扰度标准

换流站的区域可以大致分为三类：

（1）一般性区域，如控制楼，继保室和开关场地，以 H 表示；

（2）受保护的区域，如控制楼的屏蔽室，以 P 表示；

（3）换流站以外的区域，以 O 表示。

换流站内的仪器设备连线，按下面五种分类：

（1）局部连线。如控制楼内的连线，以 l 表示。

（2）场地连线。如在开关场地及继电保护室里的连线，用 f 表示。

（3）高压设备连线。如与断路器、电压/电流互感器等设备相连的连线，以 h 表示。

（4）电信连线。如到电力载波及远距离终端装置的连线，用 t 表示。

（5）受保护的连线。如在屏蔽室内的连线，用 p 表示。

换流站内区域的划分、连线的选定如图 2-3 所示。限值要求如表 2-6～表 2-10 所示。

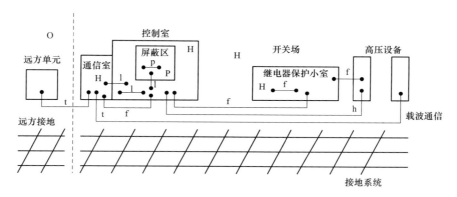

图 2-3　换流站与换流站区域划分及连线的选定

表 2-6　　　　　　　　抗扰度限值——外壳端口

序号	环境分类	参考标准	等级	限值
1	工频磁场	GB/T 17626.8	2	3A/m（连续）
			5	100A/m（连续） 1000A/m（持续 1s）
2	脉冲磁场	GB/T 17626.9	5	1000A/m（峰值）
3	阻尼振荡磁场	GB/T 17626.10	5	100A/m
4	射频辐射电磁场	GB/T 17626.3	3	10V/m （80M～1000MHz）
5	静电放电	GB/T 17626.2	3	6kV（接触放电） 8kV（空气放电）

表 2-7　　　　　　　　抗扰度限值——信号端口

序号	环境分类		参考标准	连接方式							
				本地连接		现场连接		至高压设备		通信设备	
				等级	限值（kV）	等级	限值（kV）	等级	限值（kV）	等级	限值（kV）
1	浪涌	线对地	GB/T 17626.5	2	1	3	2	4	4	4	4
		线对线		1	0.5	2	1	3	2	3	2

续表

序号	环境分类		参考标准	连接方式							
				本地连接		现场连接		至高压设备		通信设备	
				等级	限值(kV)	等级	限值(kV)	等级	限值(kV)	等级	限值(kV)
2	阻尼振荡波	共模	GB/T 17626.12	—	—	2	1	3	2.5	3	2.5
		差模		—	—	—	0.5	—	1	—	1
3	电快速瞬变脉冲群		GB/T 17626.4	3	1	4	2	开放	4	开放	4
4	射频场感应的传导骚扰		GB/T 17626.6	3	10	3	10	3	10	3	10

表 2-8　　　　　　　　　　　　交流电源端口的骚扰

序号	环境分类		参考标准	等级	限值（kV）	备注
1	电压暂降		GB/T 17626.11		$\Delta U30\%$（1 个工频周期）	不适用于交流输出端口
					$\Delta U60\%$（50 个工频周期）	
2	电压短时中断				$\Delta U100$（5 个工频周期）	
					$\Delta U100\%$（50 个工频周期）	
3	浪涌	线对地	GB/T 17626.5	4	4	
		线对线		3	2	
4	电快速瞬变脉冲群		GB/T 17626.4	4	4	
5	阻尼振荡波	共模	GB/T 17626.12	3	2.5	
		差模			1	
6	射频场感应的传导骚扰		GB/T 17626.6	3	10	
7	谐波抗扰度		GB/T 17626.13	2	奇次谐波、偶次谐波	

表 2-9　　　　　　　　　　　　直流电源端口的骚扰

序号	环境分类		参考标准	等级	限值（kV）	备注
1	电压暂降		GB/T 17626.29		$\Delta U30\%$（0.1s）	不适用于直流电源输出端口
					$\Delta U60\%$（0.1s）	
2	电压中断				$\Delta U100\%$（0.05s）	
3	浪涌	线对地	GB/T 17626.5	3	2	
		线对线		2	1	
4	电快速瞬变脉冲群		GB/T 17626.4	4	4	
5	阻尼振荡波	共模	GB/T 17626.12	3	2.5	
		差模			1	
6	射频场感应的传导骚扰		GB/T 17626.6	3	10	
7	直流电源的纹波		GB/T 17626.17	3	$10\% \, U_{\mathrm{N}}$	

表 2-10　　　　　　　　　　　　　功能性接地端口的骚扰

序号	环境分类	参考标准	等级	限值（kV）	备注
1	电快速瞬变电脉冲群（容性耦合夹）	GB/T 17626.4	4	4	适用于与安全接地分开的，专用的功能接地连接
2	射频场感应的传导骚扰	GB/T 17626.6	3	10	

2.3　换流站电磁兼容测试方法

换流站内的设备应该经过符合标准的电磁兼容抗扰度测试，才能确保其在换流站内正常工作，不同的骚扰形式其测试方法也不相同。

2.3.1　射频辐射电磁场抗扰度测试

本测试考核继电保护装置受到外部通信设备及通信台站，以及其他高频干扰的影响。试验的严酷等级以电场场强确定，适用的频率范围为 80M～1000MHz。空间辐射抗扰度测试在暗室中进行。试验设备要用 1kHz 的正弦波对未调制信号进行 80% 幅度调制来模拟实际情况。射频辐射电磁场试验等级如表 2-11 所示。等级 1 为低电平的电磁辐射环境，如在离开电台和电视台 1km 以外地方的辐射情况。等级 2 为中等电磁辐射环境，如附近有小功率的移动电话在使用，这是一种典型的商业环境。等级 3 为严酷的电磁辐射环境，如有移动电话在靠近设备的地方工作，或者附近有大功率广播发射机和工业、科学、医疗设备在工作，这是一种典型的工业环境。电力系统的电子设备应按等级 3 进行测试。实验方法参照 IEC 61000-4-3。

表 2-11　　　　　　　　　　　　　射频辐射电磁场试验等级

试验等级	场强（V/m）
1	1
2	3
3	10

在我国辐射电磁场干扰对集成电路型继电保护装置影响较大，在现场多次引起集成电路型继电保护误动。尽管采取了很多措施，集成电路型继电保护装置仍然很难通过该试验。但是，辐射电磁场干扰对微机继电保护装置影响较小。据行业检测中心统计，微机继电保护装置一般都能够顺利通过辐射电磁场干扰试验。即使不能够通过，很多情况也不是计算机系统产生的问题，而是开关电

源在施加辐射电磁场干扰时不能够稳压引起。

2.3.2 射频感应引起的传导干扰抗扰度测试

空间电磁场可以在敏感设备的各种连接馈线上产生感应电流（或电压），作用于设备的敏感部分，对设备产生干扰。也可以由各种骚扰源，通过连接到设备上的电缆，直接对设备产生骚扰。在通常情况下，电力系统由于操作、雷击等产生的电磁场频率在数十兆赫兹以下，被干扰设备的尺寸要比频率较低的干扰波（例如 80MHz 以下频率）的波长小很多，相形之下，设备引线（包括电源线及其架空线的延伸，通信线和接口电缆线等）的长度则可能达到干扰波的几个波长（或者更长）。这样，设备引线就变成了被动天线，接收射频场的感应，变为传导干扰侵入设备内部，最终以射频电压和电流形成的电磁场影响设备的工作。

射频感应引起的传导干扰与射频场辐射电磁干扰构成一对，相互补充，形成 150k～1000MHz 全频段抗扰度试验。其中 150k～80MHz 为传导抗扰度试验，80M～1000MHz 为辐射抗扰度试验。

射频传导骚扰试验分为三个等级，骚扰信号是调制波，调制频率是 1kHz 的正弦波，调制幅度为 80%，使用的频率范围是 150k～80MHz（可以扩展到 230MHz）。射频感应引起的传导干扰抗扰度试验等级如表 2-12 所示。

表 2-12　　　　　　　　射频感应引起的传导干扰抗扰度试验等级

试验等级	电压（开路试验电平 e. m. f.）	
	U_0 [dB（μV）]	U_0（V）
1	120	1
2	130	3
3	140	10
X	特定	

注：X 是一个开放等级。

试验等级的分类情况与 IEC 61000-4-3 标准相同。等级 1 位低电平的电磁辐射环境，如在离开电台和电视台 1km 以外地方的辐射情况。等级 2 位中等电磁辐射环境，如附近有小功率的移动电话在使用，这是一种典型的商业环境。等级 3 为严酷的电磁辐射环境，如有移动电话在靠近设备的地方工作，或者附近有大功率广播发射机和工业、科学、医疗设备在工作，这是一种典型的工业环境。X 是一个开放等级，可由生产厂家和用户协商，或在产品的技术条件中加以规定。电力系统的电子设备应按等级 3 进行测试。

2.3.3 脉冲磁场抗扰度测试

关于脉冲磁场的要求方面，GB/T 17626.9—2011《电磁兼容 试验和测量技术 脉冲磁场抗扰度试验》的规定如表 2-13 所示，对处于发电厂、工业设施、变电站的信息设备提出了相应的抗扰度要求。

表 2-13 脉 冲 磁 场 试 验 等 级

试验等级	1	2	3	4	5	X
脉冲磁场强度（A/m，峰值）	不适用	不适用	100	300	1000	特定

注：X 是一个开放等级。

2.3.4 快速瞬变干扰抗扰度测试

衰减振荡波代表在高压和中压换流站中电源电缆、控制电缆和信号电缆中出现的重复的阻尼振荡波。由于高压电路中特性阻抗的失配，电压波会有反射。在高压母线中的瞬态电压和电流的特性是，由线路长度和传播时间来决定基本频率的。振荡频率受上述参数及母线长度的影响，其范围为 100kHz 到几兆赫兹。一般 1MHz 的振荡频率可代表大多数情况。但对大型高压换流站来说，则认为 100kHz 比较合适。在工厂中，重复出现的振荡瞬变，是有切换瞬变及电力系统中注入的冲击电流所产生的。1MHz 和 100kHz 衰减振荡波干扰主要是高压母线的开关操作出现重燃以及隔离开关的合、分操作引起的陡波瞬态，属于阻尼振荡瞬态脉冲群（阻尼振荡波）。另外其表现是在公用和非公用网络的低压电力线、控制线和信号线中出现的非重复的阻尼振荡瞬态（振铃波）。1MHz 和 100kHz 脉冲群干扰通过传导、电容耦合及磁场耦合等方式影响继电保护装置。1MHz 和 100kHz 衰减振荡波干扰试验包括共模试验及差模试验，试验时间为 2s。对于 1MHz 衰减振荡波的上升时间为 75ns 脉冲宽度，能量较大，每个瞬态波形持续时间大约为 10μs。

施加到设备电源、信号及控制端口的振荡波和阻尼振荡波的优先的试验等级分别如表 2-14 和表 2-15 所示。该测试对应 IEC 61000-4-12。等级 1 代表在控制大楼优先范围内运行的电缆连接端口。等级 2 表示在控制大楼和继电器室的设备电缆的连接端口。相关的设备被安装在控制大楼和继电器室内。等级 3 表示在继电器室内所安装设备的电缆连接端口，设备本身也安装在继电器室内。对于大多数量度继电器和保护装置来说，适合使用等级 3 电压值，仅在采取特别措施的情况下才能使用较低级别的电压值。

表 2-14 　　　　　　　　　振 荡 波 试 验 等 级

试验等级	共模电压（kV）*	差模电压（kV）*
1	0.50	0.25
2	1	0.50
3	2	1
4	4	2
X	X	X

＊表中试验电压为开路输出电压。
注：X 是一个开放等级。

表 2-15 　　　　　　　　阻尼振荡波试验等级

试验等级	共模电压（kV）*	差模电压（kV）*
1	0.50	0.25
2	1	0.50
3	2**	1
4	4	2
X	X	X

＊表中试验电压为开路输出电压。
＊＊在国家标准中，对于电站设备此电压升至 2.5kV。
注：X 是一个开放等级。

　　各种类型的继电保护装置在这一能力的考核上是比较容易通过的。只要在各个电源、信号及控制线端口对大地加入耐压值较高的 $0.1\mu F$ 或 $0.01\mu F$ 解耦电容，构成泄放回路，即可从共模、差模两个方面抑制此种瞬态骚扰。

2.3.5 电快速瞬变脉冲群干扰抗扰度测试

　　电快速瞬变脉冲群抗扰度测试（IEC 61000-4-4）是一种将一系列电快速瞬变脉冲群耦合到电气和电子电源端口、信号和控制端口的试验。主要是用来评估电气和电子设备的供电电源端口、信号和控制端口在受到瞬变脉冲群干扰时的性能。这一试验考察电气和电子设备对诸如来自切换瞬态过程（切断感性负载、继电器触点弹跳、高压开关切换等）的低能量、高频率、前沿陡峭的脉冲串引起的瞬变骚扰的抗扰度。

　　实践表明，电感性负载（如继电器、接触器等）在断开时，由于开关触点间隙的绝缘击穿或触点弹跳等原因，会在断开处产生暂态骚扰，这种暂态骚扰以脉冲形式出现。如果电感性负载多次重复开关，则这种脉冲群又会以相应时间多次重复出现。虽然这种暂态能量较小，但是由于其频谱很宽，使设备产生误动作，仍然会对电子、电气设备的可靠工作产生影响。因此有必要对设备进行这方面的抗扰度测试。

每个瞬变脉冲有大约 5ns 上升时间、50ns 脉冲宽度、4mJ 能量。这些瞬变的主要特点是上升时间快、持续时间短、能量低、重复频率高。脉冲重复频率为 5kHz/2.5kHz，脉冲周期为 300ms，脉冲持续时间为 15ms，即在每个 300ms 内，仅有 75 个脉冲（5kHz）或 37.5 个脉冲（2.5kHz）。试验时间是 1min，约有 15000（7500）个瞬变脉冲。

根据国外专家的研究，认为脉冲群干扰之所以会造成设备的误动作，是因为脉冲群对线路中半导体器件结电容的充电，当结电容上的能量积累到一定程度，便会引起线路的误动作。

电快速瞬变脉冲群抗扰度试验中，EUT 的被试验部分主要包括设备的供电电源接口、保护接地（PE）、信号和控制端口。电快速瞬变脉冲群试验等级如表 2-16 所示。

表 2-16 电快速瞬变脉冲群试验等级

试验等级	在供电电源口，保护接地		在 I/O 信号、数据和控制端口	
	电压峰值（kV）	重复频率	电压峰值（kV）	重复频率
1	0.5	5	0.25	5
2	1	5	0.5	5
3	2	5	1	5
4	4	2.5	2	5
X	X	X	X	X

注：X 是一个开放等级。

试验等级 1 表示具有良好的保护的环境，计算机的机房属于这种环境。试验等级 2 表示受保护的环境，工厂和发电厂的控制室和终端室属于这种环境。试验等级 3 表示典型的工业环境，工业过程控制设备的安装场所、发电厂和户外高压换流站的继电器房可代表这种环境。试验等级 4 表示严酷的工业环境，这种环境包括：为采用特别保护措施的电站、室外工业过程控制设备的安装区域、露天的高压换流站的配电设备和工作电压高达 500kV 的开关设备等。试验等级 5 表示特定环境。

试验的主要设备是电快速瞬变脉冲群发生器，其产生的脉冲波形以及脉冲重复率都有相应的规定。脉冲的极性可正可负，上升时间为 5ns（1±30%），脉冲宽度 50ns（1±30%）。脉冲群持续时间 15ms，脉冲群周期为 300ms。

在试验过程中，对于电源线，通过耦合/去耦合网络，将快速脉冲群骚扰信号注入电源线端口。对于信号端口，一般采用容性耦合夹的方式注入骚扰信号。脉冲群试验是利用干扰线路电容充电，当结电容上能量到一定程度，就可能引起线路出错。因此线路出错有个过程，而且有一定偶然性，不能保证间隔多少时间必定出错，特别是当试验电压接近临界值时。为此一些产品标准规定电源线上的试验在线—地之间进行，要求每一根线在一种试验电压极性下做三次试验，每次 1min，中间间隔 1min；一种极性做完，再换作另外一种极性。一根线做完，再换另外一根线。当然也可以把脉冲同时注入两根线，甚至几根线。由于脉冲群信号在电源线上的传输过程十分复杂，很难判断究竟是分别加脉冲，还是一起加脉冲时设备更容易失效。因此，同时加脉冲也仅仅是一种试验形式而已，最终要由试验来下结论。

2.3.6 静电放电（ESD）干扰抗扰度测试

静电放电是一种自然现象，当两种不同介电强度的材料相互摩擦时，就会产生静电电荷，当其中一种材料上的静电电荷积累到一定程度，在与另外一个物体接触时，就会通过这个物体到大地的阻抗进行放电。静电放电及其影响是电子设备的一个主要干扰源。研究表明，静电电流脉冲，其波形的上升沿时间一般为 100ps～30ns。静电放电抗扰度测试是模拟操作人员或物体在接触设备时的放电及物体对邻近物体的放电，以考察被试设备抵抗静电放电干扰能力。由于静电放电的存在，使人体成为对电子设备的最大危害。静电放电导致电子设备的功能失效甚至破坏。静电放电可能造成的后果是：通过直接放电，引起设备中半导体器件的损坏，从而造成设备的永久性失效；通过间接放电或者直接放电引起近场电磁场变化，造成设备的误动作。IEC 从 20 世纪 80 年代开始就制定了静电设备抗扰度试验标准，1995 年公布了相当严酷的 IEC 61000-4-2。我国 1998 年等同采用了该标准，颁布了 GB/T 17626.6—1998《静电放电抗扰度试验》。

作为设备的外壳端口，任何暴露部分都可能发生静电放电（ESD）。常见的情况是在键盘、控制部件、外界电缆等部位或在直接接触的金属构件表面发生 ESD。静电向附近导体（可以是设备本身上的非接地金属板）的放电产生很大的局部瞬态电流，这个电流通过电感或公共阻抗耦合到设备中产生感应电流。

静电放电产生几十安培的纳秒级瞬态电流，通过复杂的路径经过设备流到大地，如果它流过数字设备时，很可能使数字电路发生误动作。放电路径在更大程度上是由杂散电容、机壳搭接和导线电感决定的。这些路径一般会是 PCB 地线的某些局部、寄生电容、外部设备，或暴露的电路等，感应的瞬态对地电位之差会导致电路的误操作。

静电放电分为接触放电和空气放电，在试验中接触放电为首选的试验方式。对 EUT 的导电表面和耦合平面采用接触放电试验，对 EUT 的绝缘表面可采用空气放电试验。静电放电试验等级如表 2-17 所示。试验等级根据试验环境确定。等级 1 表示有电子束敏感装置使用的环境。等级 2 表示保护良好的环境。远离接地保护装置、工业区和高压变电站的住宅、办公室和医院保护区等地方是这类环境的代表。等级 3 表示受保护的环境。周围有可能有产生漏磁通或者磁场的电器设备或电缆，附近有高压、中压母线的场合。等级 4 表示典型的工业环境。重工业厂矿、发电厂及高压变电站的控制室是这类环境的代表。等级 5 表示严酷的工业环境。旁边有载流数十千安培电流的线路通过，近处有保护接地系统。重工业厂矿的开关站、中压开关站及电厂是典型代表。电力系统设备要采用第 4 级实验。

静电放电保护措施如下：

（1）减少设备金属壳上的孔洞或缝隙。所有金属盖和面板必须以低阻抗连接，至少在两点搭接起来。

（2）机箱良好接地。一般来说，只要注意接地及机箱结构设计，装置就能够顺利通过静电放电干扰试验。

表 2-17　　　　　　　　**静电放电的试验等级**

接触放电		空气放电	
等级	试验电压/kV	等级	试验电压/kV
1	2	1	2
2	4	2	4
3	6	3	8
4	8	4	15
X	X	X	X

注：X 为一个开放等级。

2.3.7　浪涌（冲击）干扰抗扰度测试

雷击是普遍的物理现象，每天都有很多的雷击事件发生。因此，电气电子设备的雷击浪涌试验对于评定设备的电源线、输入/输出线、通信线在遭受高能量脉冲干扰时可建立一个共同的依据。开关操作或者雷击等可以在电网或者通信线路上产生暂态过电压或者过电流，这种暂态现象称之为浪涌或者冲击

（Surge）。浪涌呈现脉冲状，是一种能量较大的骚扰。浪涌抗扰度标准主要模拟间接雷击事件。比如：①雷电击中外部线路，有大量电流流入外部线路或者接地电阻，产生的干扰电压；②间接雷击在外部线路上感应出的电压和电流；③雷电击中线路附近物体，在其周围产生的强大电磁场在外部线路上感应出电压；④雷电击中地面，地电流通过公共接地系统时所引入的干扰。

浪涌试验（IEC 61000-4-5）除了模拟雷击外，还模拟变电站等场合，因开关动作而引进的干扰，比如：①主电源系统切换时的干扰；②同一电网，在靠近设备附近的一些较小开关跳动时形成的干扰；③切换伴有谐振线路的可控硅设备；④各种系统性的故障，如设备接地网络故障等。

浪涌试验考核了设备对由于开关瞬态和雷电瞬态（由于高额定值熔断器熔断、电网中切换现象、电网故障以及雷击等现象）过电压引起的浪涌（冲击）的干扰时的动作行为。浪涌试验包括 $10/700\mu s$ 电压/电流浪涌、$1.2/50\mu s$（电压）及 $8/20\mu s$（电流）浪涌。

浪涌呈脉冲状，其波前时间为数微秒，脉冲半峰值时间从几十微秒到几百微秒，脉冲幅度从几百伏到几万伏，或几百安培到上千安培，是一种持续时间长、能量较强的骚扰。浪涌骚扰可能会影响电子设备的工作，甚至会烧毁元器件。

浪涌抗扰度测试就是模拟这些骚扰，评价设备遭受电力线路和互联线路上大能量骚扰的性能。浪涌（冲击）试验等级如表 2-18 所示。试验的严酷度取决于环境及安装条件。等级 1 表示有较好保护的环境，如工厂或者电站的控制室；等级 2 表示有一定保护的环境，如无强干扰的工厂；等级 3 表示普通的电磁骚扰环境，对设备没有规定特殊安装要求，如普通安装的电缆网络，工业性的工作场所和变电所；等级 4 表示所严重骚扰的环境，如民用架空线，未加保护的高压变电所；等级 5 表示特定环境。

表 2-18　　　　　　　　　　浪涌（冲击）试验等级

试验等级	开路试验电压（±10%，kV）
1	0.5
2	1.0
3	2.0
4	4.0
X	X

注：X 是一个开放等级。

电子设备只能依靠过电压保护或浪涌保护器件来抑制浪涌骚扰，通过浪涌保护器件动作将浪涌电流泄放至大地。常用的元器件是压敏电阻、齐纳二极管、气体放电管等。电源端口、信号端口由于信号线较少，添加这些器件比较容易，而输入、输出端口则刚好相反。

2.3.8　工频磁场抗扰度测试

工频磁场是由导体中的工频电流产生的，少量由邻近的其他装置所产生。工频磁场的影响，主要有以下两种情况：①处在正常条件下的电流产生稳定的磁场，具有相对小的幅值；②故障条件下的电流，产生一个相对较高的幅值，但持续时间较短的磁场，直到保护装置断开电流时磁场消失（对于熔断器来说，大约几个毫秒，对于继电器保护动作时间为3～5s）。

并不是所有的设备对磁场都是敏感的，但有些设备，如计算机的监视器、电子显微镜等一类设备在工频磁场作用下会产生电子束的抖动；对电能表等一类设备在工频磁场作用下会产生程序紊乱等；对内部有霍尔元件等对磁场敏感器件所构成的设备，在磁场作用下会产生误动作。因此工频磁场抗扰度试验对上述设备就具有特殊意义。

工频磁场抗扰度的试验等级分稳定持续作用和短时作用两种，分别模拟正常运行和短路故障时的工频磁场。其试验等级分别如表2-19和表2-20所示。该试验对应IEC 61000-4-8。

表 2-19　　　　　　　　　稳定持续磁场试验等级

等级	磁场强度（A/m）
1	1
2	3
3	10
4	30
5	100

表 2-20　　　　　　　　　1～3s 短时磁场试验等级

等级	磁场强度（A/m）
1	—
2	—
3	—
4	300
5	1000

试验等级根据试验环境确定。等级 1 表示有电子束敏感装置使用的环境。等级 2 表示保护良好的环境。远离接地保护装置、工业区和高雅变电所的住宅、办公室和医院保护区等地方是这类环境的代表。等级 3 表示受保护的环境。周围有可能有产生漏磁通或者磁场的电器设备或电缆，在靠近接地系统的地方，附近有高压、中压母线的场合。等级 4 表示典型的工业环境。重工业厂矿、发电厂及高压变电所的控制室是这类环境的代表。等级 5 表示严酷的工业环境。旁边有载流达到数十千安培电流的线路通过，近处有保护接地系统。重工业厂矿的开关站、中压开关站及电厂是典型代表。

2.4 换流站电磁兼容防护

换流站的电磁兼容问题对换流站的安全、可靠、稳定运行意义重大，因此，应从系统设计阶段进行系统考虑，同时针对不同的耦合方式进行防护设计。

2.4.1 传导骚扰防护

换流站干扰源的种类很多，传播途径也不同，因此，应对各种干扰加以分析、判断，以便采取相应的措施。但往往有这样的情况，即在抑制一种干扰的同时，却助长了另一种干扰，故须权衡利弊、合理考虑。

抗干扰的最有效的方法是对干扰源加以抑制，但因费用过高等原因而无法实现，只能在二次设备上和二次回路上采取措施，即提高装置的抗干扰水平和降低二次回路的干扰强度。如何提高二次设备的抗干扰水平，设备制造厂已对这一问题做了大量的工作，取得了良好的效果。

除电缆屏蔽外，有时还需要采用冲击保护设备来对设备入口处的干扰进行抑制。特别是对于类似交/直流互感器二次侧与高压导线有传导耦合的设备。与二次设备的入口相连的中间互感器采用隔离变压器，此隔离变压器的屏蔽层与铁芯应一起接地，由一些测试数据可知，采用隔离变压器可以将干扰降低 20%～45%。

降低干扰的主要措施包括：

（1）滤波器。主电路滤波装置包括交直流滤波器、PLC 滤波器和直流场冲击电容器等，二次回路主要在设备信号端口和电源端口装设滤波器。

（2）过电压保护。主电路过电压保护装置以避雷器为代表，二次设备主要解决电源和信号端口过电压。

（3）隔离措施。光隔离是目前技术较为成熟、效果非常明显的技术措施，可考虑在恶劣环境和敏感二次设备连线上采用。

（4）软件防护设计。在控制保护系统的软件设计中可以采取一些预防干扰的措施，可广泛使用数据确认和纠错等标准技术。

（5）合理布线。由于各种干扰对弱电回路的影响极大，故在一般情况下，如和配电装置有联系时，应增加中间继电器转换隔离，但当弱电回路所接电气设备仅需反应由高低电位决定的开关量信号时，且电气设备采用了光电隔离等抗干扰措施，二次回路的其他抗干扰措施比较完善的情况下，也可将弱电回路直接引至配电装置内，这样可简化二次回路，减少中间环节。

2.4.2　辐射骚扰防护

屏蔽是利用各种金属屏蔽体来阻挡和衰减加在电子设备上的电磁骚扰或过电压能量。一般屏蔽体都是封闭式的整体，包括屏蔽室、仪器的机壳、探测器的屏蔽壳体、电子部件的屏蔽盒、元器件的包装盒（壳体）等。根据不同的工作环境，对屏蔽的要求也各不相同。

屏蔽具体可分为建筑物屏蔽、设备屏蔽和各种线缆（包含管道）的屏蔽，也可分为建筑物屏蔽和室内屏蔽，把设备屏蔽和线缆屏蔽归为室内屏蔽。

1. 建筑物的屏蔽

建筑物的屏蔽是利用建筑物的钢筋、金属构架、金属门窗、地板等，把它们互相连接在一起，并与地网有可靠的电气连接，形成初级屏蔽网。其主要目的是对建筑物内为电子设备进行电磁辐射防护。雷电电磁辐射可以影响到1km以外的微电子设备，所以本建筑、远处的建筑物或空中发生雷击，都会产生雷电脉冲侵入建筑物中。因此，对大量重要微电子设备的房间要采取屏蔽措施，使这些仪器处于无骚扰的环境中。

屏蔽的有效性不仅与房间加装的屏蔽网和仪器金属外壳——屏蔽体本身有关，还与微电子设备的电源线和信号线接口过电压的防护、等电位连接和接地等措施有关。

2. 室内屏蔽

室内屏蔽是指设备屏蔽和线缆屏蔽。设备的屏蔽应在对电子设备耐压水平调查的基础上，按 IEC 标准划分的防雷区施行多级屏蔽。屏蔽的效果首先取决于初级屏蔽网的衰减程度，其次取决于屏蔽层对于入射电磁波的反射损耗和吸收损耗程度，而这又取决于屏蔽层厚度（最好接近电磁波的波长）、网孔密度

（密度越大，则可靠程度越高）、屏蔽材料。在屏蔽中，要特别注意对各种"洞"的密封，除门、窗外，重点对入户的金属管道、通信线路、电力线缆入口做好屏蔽。

各种线缆均要采取屏蔽措施，金属丝编制网、金属软导管、硬导管均可用于屏蔽线缆。对线缆的屏蔽应注意以下事项。

（1）屏蔽管线的接地：一般要求入户线在入户前应埋入地中水平距离 10cm 以上，如条件不允许时，应尽可能加长入户屏蔽层长度，且应在前后端做良好接地。测量结果表明，电线屏蔽层一端接地时可将高频骚扰电压降低一个数量级，两端接地时可以降低两个数量级。

（2）电缆连接器的屏蔽：良好的连接器，当它的插头与插座配合好以后，其屏蔽效果应等于或优于所连接同等长度屏蔽电缆的屏蔽效果，最佳办法是沿电缆的周边把屏蔽层与连接器沿周长连接起来，实现 360° 的连接，或使用尽可能短的附加连接线将连接器两端电缆屏蔽相连接，或利用插头的备用芯将两端屏蔽相连接。

（3）用金属丝编制网屏蔽电缆，因其重量轻、使用方便而广为应用，但在电磁波频率较高、其波长接近编织层网孔尺寸时，波的透入将增加，因此最好再穿一层金属管。

第3章 换流站传导性电磁骚扰特性及抑制措施

换流站传导性骚扰源众多，其中换流阀工作和高压开关操作产生的电磁骚扰尤为突出。在换流站的传导电磁骚扰问题分析中，应首先采用合适的分析方法，获取骚扰特性，之后，根据不同的骚扰情况，采取相应的抑制措施。本章内容包括传导性电磁骚扰源及耦合方式、换流阀产生的传导性电磁骚扰、开关操作产生的传导性电磁骚扰、换流站传导性电磁骚扰的分析方法、换流站传导性电磁骚扰抑制措施。

3.1 传导性电磁骚扰源及耦合方式

换流站的众多物理现象均会产生传导骚扰，不同传导骚扰源的机理和特点差异显著，其与敏感设备的作用方式也不相同。

3.1.1 主要骚扰源

换流站电磁骚扰源情况复杂，电磁骚扰频带也比较宽，从产生机理区分，换流站骚扰源可以分为以下几个方面：

（1）换流阀运行引起的持续电磁骚扰；

（2）高压一次回路中隔离开关和断路器的操作引起的快速瞬态电磁过程；

（3）雷电现象引起的快速瞬态电磁过程，包括雷击线路、构架和接地装置；

（4）高压回路中绝缘击穿或局部放电（电晕、沿面放电）引起的瞬态电磁过程；

（5）保护与控制等二次设备回路中的开关操作引起的快速瞬态电磁过程；

（6）电力系统短路故障引起暂态电磁过程及接地网瞬态电位升。

二次设备可能会受到工频电流、电压和雷电、操作冲击以及多种放电现象引起的电磁干扰。随着换流站一次系统电压的升高、容量的增大，电磁干扰更加严重。

以上原因主要表现为以下几个不同类型的电磁骚扰量：

（1）频带范围覆盖直流到兆赫兹量级的宽频电磁骚扰；

（2）上升速度为微秒级的电浪涌（典型特性为 $1.2/50\mu s$ 电压浪涌和 $8/20\mu s$ 电流浪涌）；

（3）频率为兆赫兹级的振荡波（振铃波或阻尼振荡波，频率为 100k～1MHz 以上）；

（4）快速瞬变脉冲群（单个脉冲约 5/50ns，重复频率 2.5k～5kHz）；

（5）静电放电产生的纳秒级浪涌，辐射电磁场以及低频浪涌等。

在上述的各种干扰源中，换流阀运行引起的电磁噪声在换流器阀体的晶闸管触发和关断过程中产生，在换流站运行过程中持续的骚扰噪声，是换流站中最主要的骚扰源。

一次系统的开关操作产生的快速瞬态电磁过程由于幅度较高、频带较宽，对二次设备的干扰非常强烈。对于开关操作引起的快速瞬态电磁过程造成的事故国外时有报道，引起了电力系统设计、运行等部门以及电力设备生产商的高度重视。但是由于这种快速瞬态电磁过程波形复杂，包含的频率范围较宽，而且发生的时间、地点随机，因此分析起来比较困难。

3.1.2 耦合途径

雷击事故暂态过程中，主回路中的暂态电压电流可能通过一、二次系统间传导性的耦合，进入二次回路，引起敏感设备的抗扰度超标，最终造成二次测量和保护设备的故障，引起直流闭锁等事故。按照耦合作用机理，这些电磁骚扰可细分为电容性耦合、电感性耦合和传导性耦合三种方式。

图 3-1 为换流站电磁骚扰在一、二次回路耦合机理示意图。U_{12}、U_{10}、U_{20} 分别为二次回路导线间电压及对地电压；I_L、I_G、I_E、I_{SH} 分别为高压导体电流、接地电流、地中电流和屏蔽层电流。

由于换流站电气设备众多，且空间布置集中，换流站的传导电磁干扰传播途径非常复杂。从耦合方式区分，可以将换流站传导干扰途径分为如下几种。

3.1.2.1 电容性耦合

导体上的电压产生电场，这个电场与临近的导体耦合，并在其上感应出电压，这部分耦合主要由干扰电压的变化决定。电磁噪声流过的导体与敏感设备导体间的杂散电容是造成电容性耦合的主要原因。

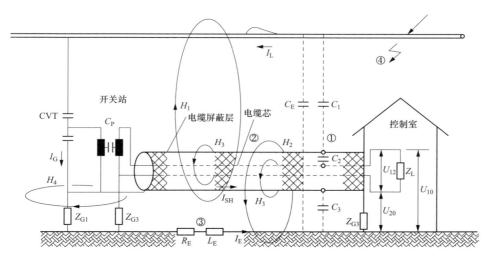

图 3-1　换流站电磁骚扰在一、二次回路耦合机理示意图

①—电容性耦合；②—电感性耦合；③—传导性耦合；④—辐射耦合

母线、架空线路与其他导线（如明线通信系统的线路、其他架空线路、屏蔽电缆等）存在的杂散电容也是典型的容性耦合途径，这种耦合方式可以同时对其他导线产生共模和差模耦合。

3.1.2.2　电感性耦合

一个电路产生的磁场可能会对另一电路产生电感性耦合，它是由骚扰源与被干扰对象之间的互感所引起的，主要由骚扰源的电流所决定。当一次回路有大电流通过时，必然在其周围产生大的磁场，从而在其附近的弱电系统上感应出干扰电压。

在换流站电路中，由于母线、架空线路与其他导线（如明线通信系统的线路、其他架空线路、屏蔽电缆等）存在互感，换流电路中的电流将会在敏感设备中产生干扰电压。

如图 3-1 所示，经由高压导体的浪涌和振荡波等通过磁场 H_1 耦合、由 CVT 高压电路人地的骚扰电流通过磁场 H_4 耦合，在控制电缆的芯线和屏蔽层中感应出纵向电势。屏蔽层（如两端接地）的感应电流及地中电流分别通过磁场 H_3 及 H_2 在二次导线中感应出相反的电势。

3.1.2.3　电导性耦合

电导性耦合就是指有直接连接的传播途径，换流站的换流电路是最典型的电导性耦合途径。在直流侧，由换流阀产生的电磁噪声沿套管、平波电抗器、母线传播到直流架空线路上；在交流侧，噪声通过套管、换流变压器、母线传播至交流母线。一些直接与（或）通过其他装置（如 TA、TU、载波耦合电路）与这些设备连接的系统都可能由于电导性耦合而受到骚扰源影响。

电磁噪声在电导性耦合传播途径中，将受到换流电路设备和连接装置的衰减。因此在进行电导性耦合分析时，要通过对这些设备的阻抗特性的研究，掌握电磁噪声的传播和在电路中的分布情况。另外，电路的高频参数也是分析中需要注意的一个重要因素，它会影响设备的阻抗特性，进而影响噪声的传播过程。从这个角度讲，可以将电磁噪声传播通路分为低频系统电路和高频杂散电路两部分，这两部分电路对噪声传播同等重要，必须同时考虑。

换流站中传导性电磁耦合最常见的方式为，通过连接于二次设备和高压线路之间的电流互感器（TA）、电压互感器（TV）和电容式电压互感器（CVT）形成的，母线上的瞬态电压和电流还可通过电场或磁场直接耦合到二次设备的电缆内，进而干扰二次设备的工作。

以上几种耦合方式在换流站传导耦合中经常同时出现，以导线间耦合为例，这种电路就同时存在着感性和容性耦合，因此要综合考虑这几种传导方式。

3.2　换流阀产生的传导性电磁骚扰

换流阀运行引起的电磁噪声在换流器阀体的晶闸管触发和关断过程中产生，在换流站运行过程中持续的骚扰噪声，是换流站中的主要骚扰源。

3.2.1　换流阀产生的传导性骚扰源特性

当晶闸管的阳极和阴极之间加正向电压且控制极和阴极之间也加正向电压时，形成正反馈。在很短的时间内（一般不超过几微秒），两只管子均进入饱和状态，使晶闸管完全导通，晶闸管一旦导通，控制极就失去控制作用，管子依靠内部的正反馈始终维持导通状态。晶闸管导通后，阳极和阴极之间的电压一般为 $0.6\sim1.2\text{V}$，电源电压几乎全部加在负载电阻上，阳极电流 i 剧增，电压 $u_{ak}(t)$ 迅速下降。

在换相过程中，晶闸管中会发生一个快速的电压击穿过程，换流阀端电压的剧烈变化同时伴随流过换流阀电流的迅速增大，主要电流分量由阀电路电感决定。图 3-2 为晶闸管开通过程中电压和电流典型波形。在晶闸管导通过程中，其电流和电压下降沿非常陡。如果在阳极和阴极之间加反向电压，晶闸管将关断。

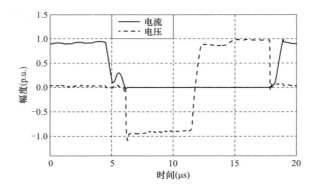

图 3-2　闸管开通过程电压和电流典型波形

六脉动换流电路中，换流阀在正常状态下都是非自然换相，在换流阀导通前，换流阀两端电压较高。图 3-3 中给出了输出电压波形示意图。

图 3-3　典型输出电压波形示意图

电压的快速变化还将在缓冲吸收电路的电容、换流阀、换流变压器、平波电抗器等设备的电容器或杂散电容上引起充放电过程，这些电容的充放电过程将引起变化率很高的电流产生。在阀的关断过程中，阀中流过的大部分能量储存在变压器绕组感和阀电感，阀经过一个过渡过程最终达到电流为零的新稳态，并伴随电流的快速变化。换流阀开断过程中极大的电压和电流变化率将产生能量较大、频带很高的电磁噪声，这部分电磁噪声中也包含了大量高频能量。换流阀开断产生的一系列暂态电磁噪声沿换流电路传播，通过直接的电气连接或耦合进入敏感设备，就产生了传导电磁干扰现象。

在换流器换相过程中，即将关断的晶闸管阳极电流逐渐下降，导通的晶闸管电流逐渐增大，电流的变化过程由换向阻抗决定，电流下降时间相对较长。晶闸管电流主要取决于电压波形和外电路特性，在换流站中，该下降沿的陡度和幅度分别决定于晶闸管的电压下降时间和反向电压。因此，晶闸管骚扰特性主要决定于晶闸管开通时的电压变化过程。

不同阀换相产生的暂态过程相似，下面以晶闸管 V_1 到 V_3 换相过程为例进行分析，该过程等值电路如图 3-4 所示。

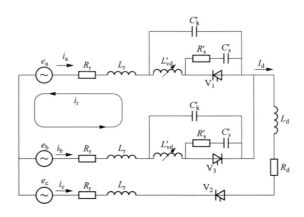

图 3-4 V_1 到 V_3 换相时的等值电路

在 V_3 触发前，V_1 和 V_2 均处于导通状态，考虑到平波电抗器的高电感值和较小的 R_r，忽略直流电流 I_d 的纹波和 R_r 的压降，触发前管压降为

$$u_{ak0} = \sqrt{2}E_{lv}\sin\alpha \tag{3-1}$$

式中 E_{lv}——换流变压器阀侧相间电压，kV；

α——整流器的触发角，（°）。

以 ±800kV 换流站为例，正常状态下 α 大于 12.5°，E_{lv} 为 170kV。

对于逆变器，u_{ak0} 由式（3-2）决定：

$$u_{ak0} = \sqrt{2}E_{lv}\sqrt{1 - \left(\cos\gamma - \frac{2X_{r2}I_d}{\sqrt{2U_2}}\right)^2} \tag{3-2}$$

式中 X_{r2}——等值换相电抗，Ω，包括换流变漏电抗和阀电抗两个部分；

U_2——换流变阀侧空载线电压有效值，kV；

γ——熄弧角，（°）。

图 3-5 为晶闸管开通时的电流电压瞬变波形示意图。在开通过程中，晶闸管电压迅速下降，阳极电流迅速上升，在数微秒内，晶闸管由关断状态过渡到导通状态，这一时间称为开通时间，通常将导通时间定义为三个阶段：延迟时间 t_d（施加触发脉冲到电压下降至初始值的 90%）、电压下降时间 t_{fv}（电压由初始值的 90% 下降至 10%）和扩散时间 t_s（持续至晶闸管完全到通，分析中一般忽略）。

晶闸管产生的电磁噪声特性主要与电压下降时间对应的过程有关，该阶段电压下降速度明显高于其他两个阶段。该阶段电压按指数下降，可表示为

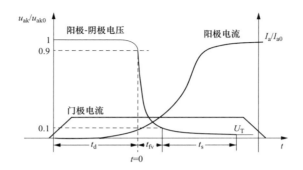

图 3-5　晶闸管开通时的电流电压瞬变波形示意图

$$u_a(t) = u_{ak0} e^{-kt}$$

$$k = \frac{\ln(9)}{t_{vf}} \tag{3-3}$$

式中　u_a——晶闸管电压瞬时值；

　　　u_{ak0}——晶闸管开通前的初始电压值；

　　　t_{vf}——电压下降时间，与传输时间、电流增益等器件参数和阳极电压、阳
　　　　　极电流、门极电流、温度等工作参数有关。

电压的频域表达式可通过傅里叶变化获得：

$$U_a(\omega) = F|u_a(t)| = \int_0^{+\infty} u_a(t) e^{j\omega t} dt$$

$$= \frac{-ku_{ak0}}{(k+j\omega)j\omega} - \pi u_{ak0}\delta(\omega) \tag{3-4}$$

式中　U_a——晶闸管电压频域值；

　　　ω——角频率；

　　　δ——单位冲击函数。

特定频率下幅值与初始电压 u_{ak0} 成正比，当 t_{fv} 下降时高频部分幅值相对较高。
根据上述分析可知，电压的突变是产生电磁骚扰的原因，电压波在回路中传播时，
产生电流快速变化，即换相电流。电压波也会通过容性耦合或远场辐射传播。

换相过程的电流波形主要由外电路决定，图 3-6 给出了 $V_1 \sim V_3$ 换相的等值
电路。

晶闸管导通后阻抗很小，可以忽略，回路满足如下方程：

$$e_{ab} = 2R_r i_r + 2L_r \frac{di_r}{dt} + 2L'_{vd} \frac{d(i_r - i_k)}{dt}$$

$$\approx 2R_r i_r + 2(L_r + 2L'_{vd}) \frac{di_r}{dt} \tag{3-5}$$

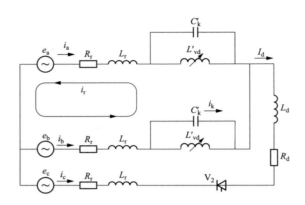

图 3-6　$V_1 \sim V_3$ 换相过程等值电路

R_r 上的压降相对变压器阀侧电压可以忽略，在 V_3 导通后，可以忽略 C_k' 对换相电流的影响，换相电流可以用式（3-6）表示：

$$i_{v3} = i_b = i_r = I_s \cos\alpha - I_s \cos\omega t$$

$$I_s = \frac{\sqrt{2}E_{lv}}{2\omega(L_r + L_{vd}')}$$

$$I_d = I_s \cos\alpha - I_s \cos(\alpha + \mu_1) \tag{3-6}$$

V_1 电流可以用下式表示为

$$i_{v1} = i_a = I_d - i_r = I_s \cos\omega_0 t - I_s \cos(\alpha + \mu_1) \tag{3-7}$$

由于换相电感的存在，超高压和特高压换流站换相角可达 20°以上，持续 1ms 以上，电流变化过程较慢。

换流阀中的晶闸管由换相电流关断，在换相过程中，即将关断的晶闸管电流下降，刚刚开通的随之升高。图 3-7 给出了晶闸管关断时的电流、电压瞬变波形示意图。

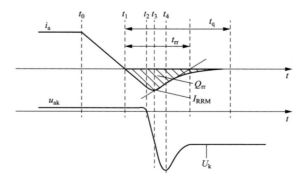

图 3-7　晶闸管关断时的电流电压瞬变波形示意图

在电流下降到零后，关断过程开始，晶闸管进入反向导通状态，晶闸管阴阳极电压很小，近似等于正向导通压降。进入反向恢复过程后，反向电压通过外电路施加在晶闸管上，晶闸管电压由正向导通值（接近 0）变化到反向电压，电流幅值逐渐变小到 0A，该过程在关断时间 t_q 内完成。该过程中，晶闸管反向电压上升过程决定于晶闸管关断特性、缓冲吸收电路和均压电容，该过程电压变化率相对较小。

图 3-8 为关断过程等值电路图。均压电容与缓冲电路电容相比较小，电压电流波形主要决定于电路参数和反向电压 U_k，由熄弧角决定。在额定状态下，电压上升时间为 $100\mu s$ 数量级，远大于开通时间。电压陡度也小于与开通过程，产生的骚扰水平比导通时要小，骚扰水平主要决定于开通过程。

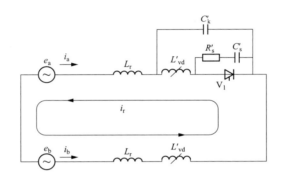

图 3-8　关断过程等值电路图

3.2.2　换流阀产生的传导性骚扰源影响因素

换流阀动作产生的电磁骚扰主要由阀的特性和工况决定，阀参数在运行过程中基本维持不变，交流电压、直流电流、触发角、温度等运行参数则会影响骚扰特性，以下以国内某特高压直流输电系统为例对影响规律进行分析。

1. 触发角

晶闸管开通前的电压 v_{ak0} 由触发角和交流电压决定，因此，开通过程中的骚扰水平与触发角的正弦值成正比，同时考虑关断过程，可以得到图 3-9 所示不同触发角下骚扰水平的差异，17.5°时的骚扰水平比 12.5°高出约 3dB，计算结果的分辨率带宽（RBW）为 9kHz。

2. 交流电压

在其他参数不变的情况下，触发前的晶闸管压降主要由交流电压确定。阀

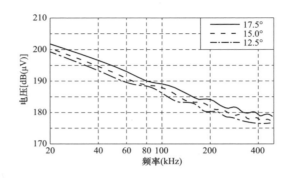

图 3-9　不同触发电压下交流母线电磁噪声频谱比较（RBW＝9kHz）

臂上的骚扰水平近似与交流电压成正比，一般来说，换流站交流电压只在小范围内波动，正常的电压波动不超过 500～525kV，极限情况下也应保持在 475～550kV 范围内。根据计算结果，在该范围内电压对骚扰水平产生的影响小于1.5dB。

3. 直流电压

直流电压由交流电压、触发角和直流电流等参数控制，其与骚扰水平的关系比较复杂，可通过考虑其他参数变化进行分析，触发角是其中的最重要考虑因素。

4. 直流电流

直流电流近似等于晶闸管的通态电流，在交流电压和触发角一定的情况下，直流电流对开通过程影响不大，因此对电磁骚扰水平也不产生明显影响，但在晶闸管的关断过程中，直流电流越大，储存电荷越高，关断过程的电压和电流产生的骚扰也越高。如图 3-10 所示为不同直流电流下换流器直流侧的骚扰水平对比。由于关断产生的骚扰水平低于开通过程，总的来说，直流电流的影响不大。

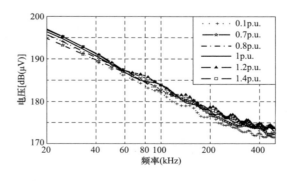

图 3-10　不同直流电流下换流器直流侧电磁噪声频谱比较（RBW＝9kHz）

5. 运行模式

相同运行方式下换流阀产生的骚扰源频率成分如表 3-1 所示，在双极、单极大地回线、单极金属回线和双极功率反转四种运行方式下，整流换流站骚扰水平和电压频域特性没有明显差异。

表 3-1　　　　　　　不同运行方式下换流阀骚扰水平比较　　　　　　dB（μV）

频率点	运行方式			
	双极	单极大地回线	单极金属回线	双极功率反转
20	158	158	157	158
50	151	149	148	148
100	142	142	143	143
500	132	134	132	133

交流母线与两极同时相连，母线上的电磁噪声由运行的所有极共同决定，由于骚扰源水平接近，传播回路差异也不大，双极运行方式下电磁噪声来自于两个运行的换流器。图 3-11 所示为不同运行方式整流侧交流母线输出电压频谱对比，可以看出双极运行方式下电磁噪声明显高于单极方式。

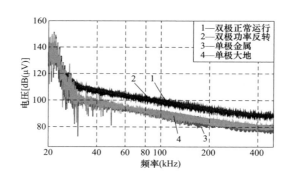

图 3-11　不同运行方式整流侧交流母线输出电压频谱对比

图 3-12 所示为不同运行方式整流侧直流母线输出电压频谱对比。可以看出不同运行方式下直流母线骚扰水平的比较可知，双极功率反转情况下的骚扰水平最高，双极正常运行状态与功率反转情况非常接近，最高差别在 1dB 以内。单极运行状态比功率反转情况下低约 3dB。单极运行状态下，回线设置方法对直流母线骚扰水平影响不大，两种方式电磁骚扰水平接近。

单极和双极方式的差别主要由线路连接方式决定。在双极方式下，两极处于对称状态，中性点即为零点位点，电流经另一极形成回流，虽然接地线处于连接状态，但不会对电磁噪声产生更大影响。单极方式则不同，电流会流经接

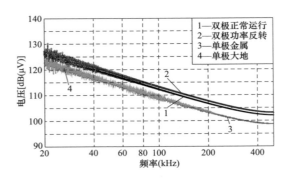

图 3-12　不同运行方式整流侧直流母线输出电压频谱对比

地线路或低电位架空线路形成回流，在我们关心的频域范围内，地线或低电位架空线对电磁骚扰传播有一定的抑制作用，因此单极方式直流母线上的电磁骚扰水平略低。在双极处于不对称运行状态时，电流将流经接地线，直流母线上的电磁骚扰水平会下降。

6. 整流和逆变换流站电磁骚扰水平对比

作为实例的某特高压直流系统两端换流站 A 和换流站 B 的总电气结构比较接近，均有可能作为整流站投入运行，即功率的流动方向有两种选择。整流和逆变站电磁骚扰环境的差异主要决定于触发角，直流系统整流侧触发角额定值为 15°，逆变侧熄弧角为 18.7°，对比式（3-1）和式（3-2），逆变侧触发前电压要高于整流侧。

图 3-13 所示为换流站 A 作为整流站时单个换流阀输出电压频谱比较。可以看出，当换流站 A 处于整流状态时，即功率由换流站 A 向换流站 B 输送时，两站换流阀产生的电磁骚扰水平在 20～500kHz 频域范围内变化规律相似，但作为逆变站的换流站 B 站内的电磁骚扰水平在上述频域内高 6～11dB。当功率反向

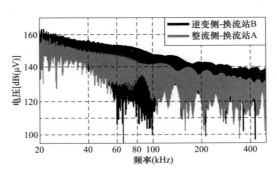

图 3-13　换流站 A 作为整流站时单个换流阀输出电压频谱比较

流动，即换流站 B 处于整流状态时，换流站 B 的骚扰水平反而较低，换流站 A 即逆变站骚扰水平比整流站高 6～11dB。

图 3-14 所示为处于整流状态的两站单个换流阀输出电压频谱对比。可以看出不同功率流向模式下处于整流状态下的换流站的电磁骚扰水平非常接近，频域波形相似。

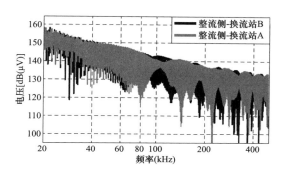

图 3-14　处于整流状态的两站单个换流阀输出电压频谱对比

3.2.3　换流阀产生的电磁骚扰传播

换流站的换流电路构成的电导性耦合是最主要的传播途径。图 3-15 所示为换流站稳态电磁骚扰传播途径示意图。在直流侧，由换流阀产生的电磁噪声沿套管、平波电抗器、母线传播到直流架空线路上。在交流侧，噪声通过套管、换流变压器、母线传播至交流母线。一些直接和/或通过其他装置（如电流互感器、电压互感器、载波耦合电路）与这些设备连接的系统都可能由于电导性耦合而受到骚扰源影响。

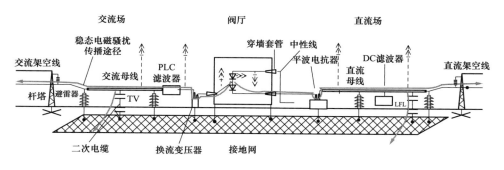

图 3-15　换流站稳态电磁骚扰传播途径示意图

电磁噪声在电导性耦合传播途径中，将受到换流电路设备和连接装置的衰减。因此在进行电导性耦合分析时，要通过对这些设备的阻抗特性的研究，掌据电磁噪声的传播和在电路中的分布情况。另外，电路的高频参数也是分析中需要注意的一个重要因素，它会影响设备的阻抗特性，进而影响噪声的传播过程。从该角度讲，可以将电磁噪声传播通路分为低频系统电路和高频杂散电路两部分，这两部分电路对噪声传播同等重要，必须同时考虑。

同时由于主电路金属元件的天线效应，在电磁噪声通过主电路传播的过程中会在周围空间产生辐射发射。另外，当换流阀触发导通时，阀阴极和阳极之间的电容及其紧密邻近的杂散电容中的电荷迅速重新平衡，也会产生偶极辐射。这种现象不仅会干扰换流站内敏感设备，如载波通信系统、计算机系统等，还会对换流站周围以及输电线附近的无线电接收设备产生影响。阀厅和直流开关场是换流站中需要着重分析的场所。

3.3 开关操作产生的传导性电磁骚扰

换流站内的开关操作时会产生大幅值、宽频域的电磁骚扰，除了交流开关，直流系统的操作过程也会伴随多个开关操作，产生电磁骚扰。

3.3.1 直流系统操作产生的传导性电磁骚扰

开关操作过程中，网络结构的突变可能引起储能元件能量转移而产生过电压或暂态电流在电路中传播，因此换流站操作产生的暂态也是一个需要考虑的问题。暂态测量对象仍然是电压量，并采用时域测量，在测量时采用沿触发的方式捕捉暂态过程，实验中的暂态过程是指电压有明显超过稳态值的情况出现。

在闭锁操作过程中，变压器从不带电的状态突然变为加压空载状态，充电过程中母线会产生明显的暂态过程。

图 3-16 所示为闭锁操作换流变网侧暂态电压典型波形，根据 GB/T 17626.12—

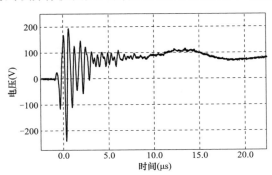

图 3-16 闭锁操作换流变网侧暂态电压波形

2013《电磁兼容　试验和测量技术　振铃波抗扰度试验》，该波形可视为振荡衰减波。

多次实测证明，暂态波形基本保持稳定，暂态波形的基本参数如表 3-2 所示，暂态振荡过程幅值可达额定电压的 2 倍左右，振荡持续时间约为 $10\mu s$，在 $3\mu s$ 后振荡幅度衰减为额定值的 1/2 倍左右。

表 3-2　　　　　　　　　　暂态波形基本特征参数

参数	额定峰值（V）	最大峰值（V）	振荡时间（μs）	上升沿陡度（kV/μs）	大幅度振荡时间（μs）
测量值	81.6	-240	10	1.24	5

取振荡幅度最大的 $5\mu s$ 波形进行 FFT 分析，可以得到频谱如图 3-17 所示，在 1MHz 左右有非常明显的峰值，幅度达到 70V 左右。

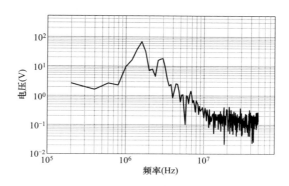

图 3-17　闭锁操作换流变压器网侧暂态电压频谱

换流变压器阀侧在闭锁操作过程中也检测到明显暂态波形，换流变压器阀侧暂态脉冲波形如图 3-18 所示，其他本站操作过程未见明显的暂态波形。

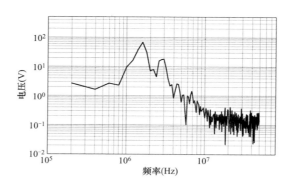

图 3-18　换流变压器阀侧暂态脉冲波形

图 3-18 暂态脉冲波形对应基本特征参数见表 3-3。

表 3-3　　　　　　　　　　暂态波形基本特征参数

额定峰值（V）	最大峰值（V）	振荡时间（μs）	大幅度振荡时间（μs）
81.6	−27	10	5

图 3-19 为图 3-18 暂态脉冲波形对应的频谱，可以看到在 2MHz 左右有一个非常明显的峰值，幅度为 10V 左右。

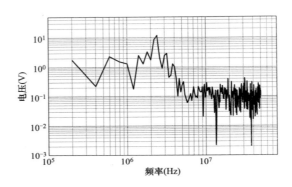

图 3-19　暂态波形频域特性

PLC 耦合电容直接与直流极线连接，可以反映线路上的暂态过程。PLC 耦合电容在如下操作过程中检测到了明显的暂态过程：闭锁、解锁、大地回线到金属回线、金属回线到大地回线、设置双极运行方式。暂态表现为振荡衰减波形式，不同操作下主要的波形数据见表 3-4。

表 3-4　　　　　　　　耦合电容低压侧振荡波基本参数

操作	峰值（V）	振荡频率（MHz）	上升时间（μs）	持续时间（μs）
闭锁	210	1.7	0.187	14
解锁	130	0.5	0.513	12
单极金属到大地回线	105	2.0	0.120	9
设置双极运行	250	1.1	0.150	14
单极大地到金属回线	250	1.2	0.200	17

在大地到金属回线和设置双极运行方式时振荡幅度最大，可以在隔离开关处观察到放电现象并听到放电声，捕捉到明显的暂态过程，如图 3-20 所示。取振荡幅度最大的 10μs 波形进行 FFT 分析，可以得到如图 3-21 所示频谱，在 1MHz 左右有非常明显的峰值，幅度达到 100V 左右。

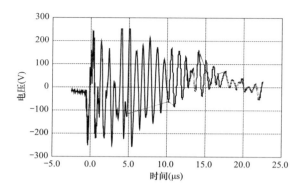

图 3-20　大地到金属回线转换时 PLC 耦合电容处暂态电压波形

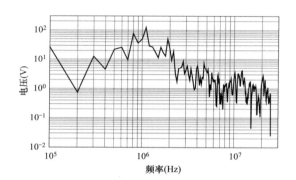

图 3-21　大地到金属回线转换时 PLC 耦合电容处暂态电压频谱

表 3-5 为通信室二次电缆终端振荡波基本参数。

表 3-5　　　　　　　　　通信室二次电缆终端振荡波基本参数

操作	峰值（V）	振荡频率（MHz）	上升时间（μs）	持续时间（μs）
闭锁	147	1.7	0.210	7
解锁	110	0.5	0.39	10
单极金属到大地回线	125	0.4	0.56	7.5
设置双极运行	250	1.1	0.160	10

与 PLC 耦合电容连接的接收机可以检测到情况相似的暂态过程，对比表 3-5 和表 3-4 可知，由于连接电缆的衰减作用，暂态振荡幅度小于耦合电容处。

3.3.2　交流开关产生的传导性电磁骚扰

试验表明，隔离开关和断路器操作时会伴有拉弧现象，且在拉开或闭合过程中均会出现反复重燃现象，每工频周期会发生多次重燃，重燃次数和振荡幅值随断口距离增大而减少。

如图 3-22 和图 3-23 所示，分别为隔离开关闭合、拉开时电流互感器录波结果。隔离开关闭合时电流互感器录波振荡幅度逐渐减弱，持续时间超过 1.2s。隔离开关拉开时现象相反，可见振荡幅度逐渐增强，持续时间也超过 1s。反复试验发现，隔离开关操作产生的电弧重燃次数可达数百至数千次，持续时间数十至上百个工频周期。由于空气的绝缘强度在击穿后需要一定恢复时间，拉开隔离开关比闭合隔离开关时的振荡持续时间长，骚扰情况更恶劣。

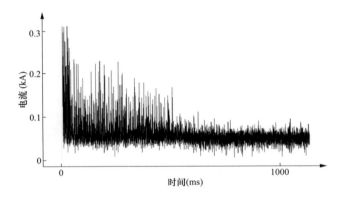

图 3-22　隔离开关闭合时直流侧监测到的电磁噪声

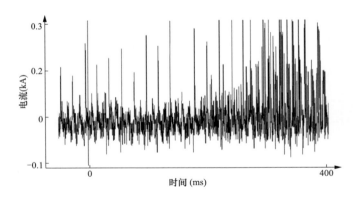

图 3-23　隔离开关拉开时直流侧监测到的电磁噪声（局部）

试验表明，隔离开关操作暂态为一系列振荡衰减波，隔离开关断口击穿前压差越大，电弧产生的暂态骚扰越高；断路器断开时，若断路器装有并联电容，则仍视为电气连通，这种情况下，刀口两端接近等电位，隔离开关开合时，则拉弧现象明显低于一端与电网电气隔离的情况。不同相的拉弧过程存在差异，暂态电压和电流的波形、幅值和相位可以认为相互独立，且存在随机性。

图 3-24 所示为国内某±500kV 换流站断路器合空线时产生的空间磁场。由于断路器采用气体灭弧，且开关动作快，其产生的电磁骚扰也小于隔离开关操作，电弧持续时间明显小于隔离开关，现场试验也表明，断路器操作在二次侧产生的骚扰小于隔离开关操作。

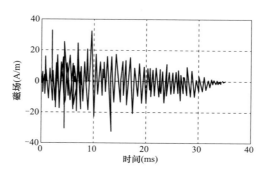

图 3-24　断路器操作时产生的瞬态磁场波形

图 3-25 所示为隔离开关操作时，在母线下方地面测量得到的瞬态电场和磁场波形。多次测量结果表明，隔离开关操作产生的骚扰主频主要分布在 0.5M～4MHz 范围内，频率范围主要集中在 15MHz 以下，单次衰减震荡持续时间为 10～40μs。

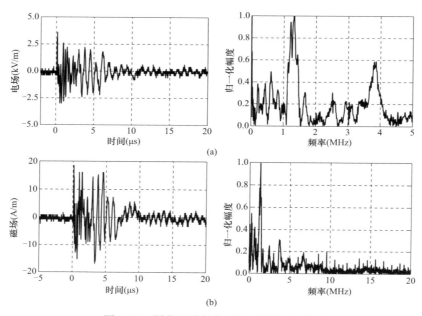

图 3-25　隔离开关操作时地面暂态电磁场

（a）电场；（b）磁场

隔离开关操作时，可以在换流回路二次侧检测到明显的高频分量，主频和波形与骚扰源相似。关键位置典型波形如图 3-26 所示，骚扰波形和频率在不同位置有较强相关性，幅值按照母线、交流引线、换流变阀侧依次递减，这反映了骚扰波形主要是由交流侧沿换流回路传导进入阀厅。

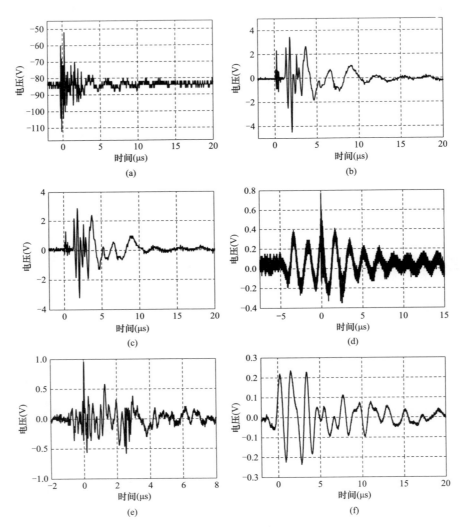

图 3-26　隔离开关操作时换流站回路关键位置暂态骚扰波形

（a）交流母线 CVT 二次侧；（b）换流变压器引线 TV 二次侧；

（c）换流变压器阀侧 TV 二次侧；（d）极线直流电流互感器

（e）中性线直流电流互感器；（f）直流 LFL 系统二次电缆

3.3.3 开关产生的传导性电磁骚扰传播

国内某±500kV换流站不同运行状态下，拉开隔离开关产生的电磁骚扰水平见表3-6，表中测量系统的骚扰是指重复脉冲峰值平均值。

表3-6　拉开交流侧隔离开关时直流电流测量系统二次测电磁骚扰测量

序号	运行状态	现象	中性线电流测量系统（A）	极线电流测量系统（A）
1	解锁	故障闭锁	245	482
2	闭锁	故障闭锁	200	400
3	备用	明显骚扰	166	365
4	备用*	明显骚扰	158	—
5	停运*	明显骚扰	130	—
6	接地	无骚扰	—	—

* 极线直流互感器一、二次回路断开。

对比第3、4项研究，在断开互感器一、二次回路连接断开的情况下，极线测量系统二次设备未监测到骚扰，可以排除由控制室二次电缆互相干扰的情况，换流站刀闸直流侧二次设备的干扰是由直流互感器传输到二次设备侧的。

主回路传导是首要的噪声传播途径。通过换流变压器的杂散电容和换流器流入直流电流互感器，并通过直流滤波器、线路间电容、线路对地电容构成回路。隔离开关操作产生的骚扰能量经电导耦合、近场耦合（电容耦合和电感耦合）、辐射耦合进入换流回路的交流引线；电导耦合传递的能量远高于近场和辐射耦合，三种耦合途径同时发挥作用，但每种途径所起的作用决定于系统运行状况。对比1~5项试验中骚扰的峰值，可以发现，由于传播回路阻抗递增，从解锁到停运，骚扰值基本呈递减的趋势。不同状态下的传播路径为：

（1）解锁时，骚扰主要通过换流回路直接进入电流互感器（电导耦合），骚扰能量主要通过导通阀臂流过换流器；

（2）闭锁时，骚扰将通过换流回路（电导耦合），经换流器的均压电容流入电流互感器；

（3）备用时，骚扰主要通过断路器的并联电容（5~25μF）进入交流引线（电容耦合），进而进入换流回路；

（4）停运时，骚扰主要通过与交流引线的容性和感性耦合进入换流回路，这部分骚扰量；

（5）接地时，在阀厅的交流侧套管和直流侧套管处，接地开关将切断传播途径，因此，在阀厅的直流换流器无明显骚扰出现。

由于阀厅屏蔽的存在，直接通过近场和辐射耦合由交流场进入阀厅中电流互感器的骚扰量可以忽略；在多次隔离开关操作中，未在控制楼中（重点监测阀厅观测窗附近）监测到明显的相关暂态电磁场，也证实了这点。

骚扰噪声也会通过近场耦合和远场辐射直接在直流侧母线和设备上耦合产生电磁骚扰信号，并流入电流互感器，但由于阀厅的屏蔽作用，这部分干扰相对较低；另外，这部分干扰的强度与被操动隔离开关和直流场的距离密切相关。

图 3-27 所示为交流侧隔离开关操作电磁骚扰的传播路径示意图。

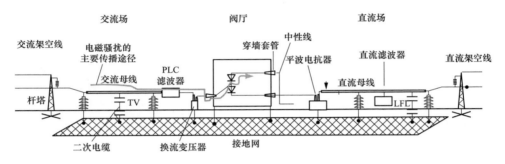

图 3-27　交流侧隔离开关操作电磁骚扰的传播路径示意图

3.4　换流站传导性电磁骚扰分析方法

在换流站的设计和运维过程中，定量的电磁骚扰分析至关重要，传导性电磁骚扰主要采用电路的方法进行仿真分析。

3.4.1　传导性电磁骚扰分析原理

换流站的传导电磁骚扰可以采用基于波过程的时域电路计算方法，采用 Bergeron 特征线法进行计算，将电路元件等效为参数不同的传输线。

无损传输线上任何一点对地电压导线中的电流是距离 x 和时间的 t 的函数，其波动方程如下：

$$\left.\begin{aligned}\frac{\partial^2 u}{\partial x^2} &= \frac{1}{v^2}\frac{\partial^2 u}{\partial t^2} \\ \frac{\partial^2 i}{\partial x^2} &= \frac{1}{v^2}\frac{\partial^2 i}{\partial t^2}\end{aligned}\right\} \tag{3-8}$$

其中

$$v = \frac{1}{\sqrt{L_0 C_0}} \tag{3-9}$$

上述波动方程的解 $u(x,t)$、$i(x,t)$ 可以写成沿 x 正方向和负方向传播的两个波的和，形式如下：

$$\left.\begin{array}{l} u(x,t) = \vec{u}(x-vt) + \overleftarrow{u}(x+vt) \\ i(x,t) = \vec{i}(x-vt) + \overleftarrow{i}(x+vt) \end{array}\right\} \tag{3-10}$$

前行波和反行波通过波阻抗 $Z = \sqrt{\dfrac{L_0}{C_0}}$ 联系，关系如下：

$$\left.\begin{array}{l} \vec{i}(x-vt) = \vec{u}(x-vt)/Z \\ \overleftarrow{i}(x+vt) = \overleftarrow{u}(x+vt)/Z \end{array}\right\} \tag{3-11}$$

从以上方程出发，经过适当变换，消去前行或反行电压波，可以得到前行特征方程和反行特征方程：

$$\left.\begin{array}{l} u(x,t) + Zi(x,t) = 2\vec{u}(x-vt) \\ u(x,t) - Zi(x,t) = 2\overleftarrow{u}(x+vt) \end{array}\right\} \tag{3-12}$$

对前行波来说，$x-vt=$ 常数，波形不衰减，而对前行特征方程 $u(x,t)+Zi(x,t)$ 值为不变常数；同样可得反行特征方程 $u(x,t)+Zi(x,t)$ 值为不变常数。

Bergeron 特征线法就是运用了上述原理经推导得出无损传输线的波过程计算等值电路和相应公式。单根均匀无损传输线电流、电压标定如图 3-28 所示。

图 3-28　单根均匀无损传输线电流、电压标定

根据上述理论，如果假设

$$\left.\begin{array}{l} I_{\mathrm{m}}(t-\tau) = -\dfrac{1}{Z}u_{\mathrm{k}}(t-\tau) - i_{\mathrm{km}}(t-\tau) \\ I_{\mathrm{k}}(t-\tau) = -\dfrac{1}{Z}u_{\mathrm{m}}(t-\tau) - i_{\mathrm{mk}}(t-\tau) \end{array}\right\} \tag{3-13}$$

可以得到以下方程：

$$\left.\begin{array}{l} i_{\mathrm{mk}}(t) = \dfrac{1}{Z}u_{\mathrm{m}}(t) + I_{\mathrm{m}}(t-\tau) \\ i_{\mathrm{km}}(t) = \dfrac{1}{Z}u_{\mathrm{k}}(t) + I_{\mathrm{k}}(t-\tau) \end{array}\right\} \tag{3-14}$$

根据上述公式，可以得到 Bergeron 特征线法等值电路如图 3-29 所示。

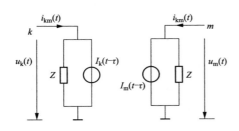

图 3-29　单根无损传输线等值计算电路

从公式和电路构造可以清楚看出，分布参数等值电路中只包含集中参数电阻和等值电流源，等值电路中，线路两端节点时独立的，求解比较方便。

换流变压器、换流器、平波电抗器均考虑了它们的高频特性，用杂散电容表示，杂散电容值根据设计规范选取。

3.4.2　一次设备电磁骚扰分析模型

换流器的宽频特性主要取决于换流阀及其附件的特性，组件间的容性耦合为高频骚扰传播提供了复杂的通路，对于目前常用的室内换流阀，阀厅与换流器间的容性耦合也是高频特性的重要影响因素。

换流阀中使用的晶闸管模型是骚扰源特性的主要决定因素，也是建模工作的关键。宏模型用宏观电路的方法对晶闸管特性进行描述，适用于时域电路仿真。用宏模型模拟骚扰的产生，可以充分考虑器件特性和工作状态对骚扰特性的影响。模型中，晶闸管的开通和关断特性是电磁骚扰分析的关键考虑因素。

等效电路模型如图 3-30 所示，由主块、控制块和反向恢复块三部分组成，考虑了晶闸管的静态特性、开通暂态过程、反向恢复暂态过程和高频特性，根据物理过程改进了参数提取方法。

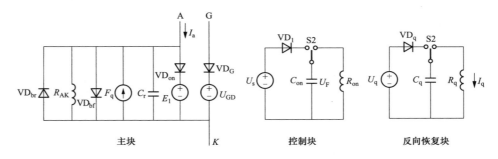

图 3-30　晶闸管的宏模型

主块中，二极管 VD_{on} 表征晶闸管的正向导通特性；当管压降超过特定临界值时晶闸管将发生导通，分别用二极管 VD_{bf} 和 VD_{br} 表征正向电压触发导通特性和反向击穿特性；电阻 R_{AK} 代表晶闸管断态电阻。二极管 VD_G 表征门极正向触发特性，零电压源 U_{GD} 用于检测门极电流。

晶闸管的开通过程由控制模块决定，受控电压源 U_s 由晶闸管断态压降决定，双向开关 S1 由触发电流、阳极电流控制，晶闸管处于断态时，U_s 使电容 C_{on} 充电；晶闸管达到导通条件时，用 C_{on} 对电阻 R_{on} 放电过程模拟晶闸管导通时的暂态电压波形。模拟晶闸管压降的受控电压源 E_1 由 C_{on} 电压 U_F 控制。晶闸管导通时电压暂态波形可用式（3-15）表示。

$$U_a(t) = U_{ak0} e^{-t/\tau}, \tau = \frac{t_r}{\ln(9)} \tag{3-15}$$

t_r 是开通过程中晶闸管电压 U_{ak0} 由初始值 90% 下降到 10% 的时间长度，其值为控制开通时间 t_{gt} 与控制延迟时间 t_{gd} 的差值。控制块参数可由式（3-16）确定。

$$\tau = R_{on} - C_{on} \tag{3-16}$$

晶闸管关断时的反向恢复特性由反向恢复块模拟。受控电压源 U_q 决定于换相过程中的稳态正向电流 I_a 及其变化率（dI_a/dt）。电流下降过程中，双向开关 S2 使 U_q 对电容 C_q 充电；晶闸管电流过零时，S2 使 C_q 对电阻 R_q 放电，用放电电流 I_q 控制反向电流源 F_q，模拟晶闸管的关断特性。反向恢复模块参数 C_q、R_q 分别根据式（3-17）、式（3-18）从晶闸管规范参数获得。

$$U_q = \frac{Q_{rr}}{C_q} \tag{3-17}$$

$$R_q = \frac{\tau_{rr}}{C_q} \tag{3-18}$$

其中，Q_{rr} 是反向恢复电荷。τ_{rr} 是晶闸管反向恢复时间常数，可根据 GB 15291—2015《半导体器件　分立器件》中参数测量方法按照式（3-19）取值：

$$\tau_{rr} = t_{rr} \frac{6.15\ln3.6}{9} \tag{3-19}$$

在缺少 t_{rr} 参数时，根据晶闸管反向关断条件，按照式（3-19）计算得到。

$$\tau_{rr} = t_q / \ln\left(\frac{I_F}{I_h}\right) \tag{3-20}$$

式中，t_{rr} 和 t_q 分别是反向恢复时间和关断时间，根据 GB 15291—2015《半导体器件　分立器件》测得；I_h 是擎住电流；I_F 是正向电流峰值。高频时晶闸管的电容特性和电压变化率开通特性由电容 C_r 决定。

换流器阀臂由若干模件串联构成，模件结构如图 3-31 所示，R_b、C_b 为阻容缓冲吸收电路参数；L_{VD} 为阀电抗；V 为开关元件；C_k 为均压电容。在工程关心的频率范围内，与波长相比换流器的尺寸较小，忽略其波过程，用集中参数元件进行建模。

假设换流阀中同类元件参数相同，阀臂电压平均分布在所有晶闸管上，则阀臂可用图 3-32 所示简化电路等值表示，其中 n_k 为每个阀臂中均压电容总个数，n_V 为晶闸管总个数，n_{VD} 为阀电抗总个数。

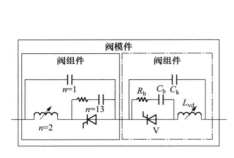

图 3-31　阀模件结构图

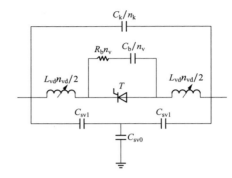

图 3-32　阀臂等值电路图

换流阀模件及与之相连的金属元件（特别是金属屏蔽罩）会与周边金属器件（相邻阀模件、连接线等）发生容性耦合，影响传导骚扰的传播。如图 3-33 所示，分别用 C_{vs0} 和 C_{vs1} 等值表示换流阀对地杂散电容和阀间并联杂散电容。

$$C_{vs1} = C_{mm}, \quad C_{vs0} = n_m C_{mg} \qquad (3-21)$$

其中，C_{mm} 和 C_{mg} 分别为两模件间的平均杂散电容和单个模件对地杂散电容，n_m 为每阀臂模件数。对于典型的阀模件结构，其值在 $100 \sim 200 \text{pF}$ 范围内，主要与几何参数有关；可以利用有限元法计算得到，兴安直流工程计算使用的值为 $C_{mm} = 150 \text{pF}$，$C_{mg} = 160 \text{pF}$，$n_m = 3$。

阀厅对传导骚扰的影响主要取决于穿墙套管处连接线与阀厅墙的杂散电容，根据有限元计算结果，典型值为 500pF，不同套管间差异可忽略。阀厅内连接线半径较大、长度较短，其电感值为几到几十微亨量级，在工程考虑的频率范围内可以忽略。

考虑到安装运输和功率问题，目前新建的高压换流站一般使用两种规格差异较小的单相双绕组换流变压器，阀侧绕组分别用三角形和星形方式连接。

换流变压器对骚扰在交流侧传播有强烈的抑制作用，模型特性对骚扰水平仿真影响很大，在稳态和骚扰统一计算中，要兼顾其工频特性和宽频骚扰传播特性。目前的直流工程中，一般要求换流变在出厂前增加绕组间和绕组对地电容测试，模型应充分结合该测试考虑绕组容性耦合特性，既满足计算的精度，又保证参数便于获取。

单相双绕组变压器用图 3-33 等效电路表示，变压器的工频特性用经典变压器模型（由 T 表示）和漏阻抗（R_k，L_k，下标 1、2 分别表示一次侧和二次侧）模拟。经典变压器模型考虑了变压器的磁路耦合、铁损和铁芯饱和特性。

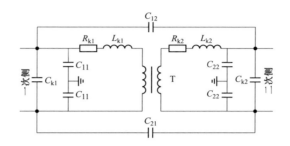

图 3-33　变压器高频模型等效电路

用集中参数电容表示绕组容性耦合对高频特性的影响，其中包括一次线圈对地杂散电容 C_{11}，二次线圈对地杂散电容 C_{22}，一、二次之间杂散电容 C_{12}，一、二次绕组匝间电容（C_{k1}，C_{k2}）。杂散参数从标准 GB 1094.1—2013《电力变压器　第一部分：总则》规定的设备出厂型式测试中"绕组对地和绕组间电容测定"结果获得。不同单相变压器安装位置较远，接地外壳也可以起到很强的屏蔽作用，不同变压器间的近场耦合可忽略。

单相三绕组、三相双绕组、三相三绕组的结构与单相双绕组不同，不同相的绕组间或同相不同接法绕组间存在电磁耦合，容性耦合（用杂散电容表示）会对电磁骚扰的传导产生影响。当电力变压器不同相绕组处于不同芯柱时，不同相绕组之间的耦合小于同相高低压绕组间的耦合，可以在计算中忽略。

基于与换流变压器相同的考虑，平波电抗器等效电路如图 3-34 所示，R 是电阻，L 是电感，C_{cgv} 和 C_{cgl} 分别代表平波电抗器阀侧和网侧对地杂散电容，C_s 代表线圈的匝间杂散电容。平波电抗器在出厂前一般要求进行端对端和端对地的高频特性测量，电容值从高频测量结果中得到。

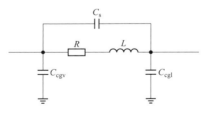

图 3-34　平波电抗器等效电路图

3.4.3　二次设备电磁骚扰分析模型

高压母线上的暂态过程不仅通过暂态电磁场的形式对二次电缆芯线产生辐射干扰，而且通过静电和电磁感应耦合对二次电缆产生干扰。对于屏蔽层两端接地的二次电缆，这两种干扰由于屏蔽层的抗干扰作用，使得芯线干扰在很大程度上得以减弱。但是在足够高的频率下，TA 或者 CVT 的二次侧会通过其一次与二次以及它们的法拉第屏蔽层之间的寄生电容而容性地耦合到高压母线。这样，高压母线上的暂态电压电流就会直接耦合到屏蔽或未屏蔽的 TA 或 CVT 二次电缆的内部导线。这种耦合值得研究，因为它不能通过把二次电缆屏蔽来减小，而只能用冲击抑制装置来限制。为了考虑通过 TA、CVT，将一次系统产生的电磁暂态传导到二次系统的特性，则 TA 和 CVT 要采用比较复杂的模型。

1. 电流互感器模型

换流站中用电流互感器将一次侧交流大电流转换成可供测量、保护或控制等仪表或继电保护装置使用的二次侧小电流。电流互感器的一次绕组与需测量、保护或控制的电路（如母线或变压器）串联，二次绕组与测量、保护或控制装置的电流线圈连接，使一、二次侧高压、低压电路互相隔离。

按照结构和用途的不同，电流互感器分为穿墙式、母线式、电缆式、套管式和油浸式等。换流站中常用的是套管式电流互感器，套管的导电芯棒即一次绕组。环状铁芯用带状硅钢片卷制而成，二次绕组用绝缘线绕在铁芯上。其二次绕组通常备有不同的变比抽头，供测量和保护装置选用。

当高频暂态电流从母线上流过时，有可能通过 TA 套管电容及接地引线电感的作用对二次电缆的末端产生电磁干扰。干扰产生的路径及机理见图 3-35。

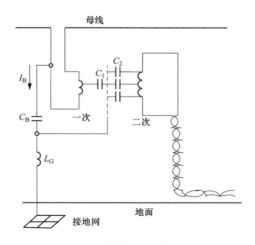

图 3-35 干扰产生的路径及机理

当暂态电流 I_B 流过 C_B 时，通过接地引线注入换流站地网，由于地阻抗引起地电位升和引线电感上的电位。此合成电位对于 TA 二次相当于干扰源，通过地阻抗、接地引线电感 L_G 和 TA 二次绕组与 TA 屏蔽层之间存在寄生电容 C_2，将在二次电缆的一次端产生干扰电压 U_G。二次电缆需要接到控制室作为继电保护、控制的输入信号，其长度在几十米到近千米之间。由于信号频率很高，将其芯线及大地视为传输线（当二次电缆屏蔽层未接地或单端接地时）。这样干扰电压波通过它传播至二次电缆末端，产生干扰电流及电压。

图 3-36 为干扰途径的等效电路。其中 C_B 为套管电容，I_B 为其上流过的暂态电流。L_G 为引线电感，C_1 为 TA 一次线圈与 TA 屏蔽层之间的寄生电容，C_2 为 TA 二次绕组与 TA 屏蔽层之间的寄生电容。Z_0 为长为 L 的二次电缆的波阻抗，Z_L 为二次电缆的末端负载阻抗（即保护或控制电路的输入阻抗）。

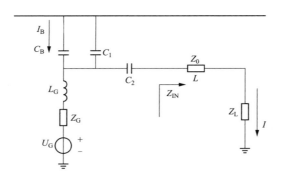

图 3-36 TA 的等效计算电路

高频暂态电流进入换流站的母线时，不仅在母线上流过，而且大部分通过套管电容及引线电感在 TA 及其接地引线上流过。当 I_B 在 C_B 上流过时，将通过 L_G 和地阻抗 Z_G 在其上产生干扰源 U_G。

$$U_G = \frac{I_B + j\omega C_1 \dfrac{I_B}{j\omega C_B}}{\dfrac{j\omega C_2}{1 + j\omega Z_{IN} C_2} + \dfrac{1}{Z_G + j\omega L_G}} \qquad (3-22)$$

其中

$$Z_{IN} = Z_0 \left(\frac{1 + \rho_2 \, \mathrm{e}^{-2\gamma L}}{1 + \rho_2 \, \mathrm{e}^{-2\gamma L}} \right) \qquad (3-23)$$

其中，$\rho_1 = \dfrac{Z_S - Z_0}{Z_S + Z_0}$，$\rho_2 = \dfrac{Z_L - Z_0}{Z_L + Z_0}$，$Z_S = Z_G + j\omega L_G + \dfrac{1}{j\omega C_2}$，$\gamma = \sqrt{ZY}$，$Z_0 = \sqrt{Z/Y}$。

Z 和 Y 为电缆单位长度的阻抗和导纳，可以采用电缆的电磁场理论进行分

析。基于传输线理论，则 V_L 和 I_L 分别为

$$I_L = \frac{U_G}{2Z_0}\left[\frac{e^{-rL}(1-\rho_2)(1-\rho_1)}{1-\rho_1\rho_2 e^{-2rL}}\right] \tag{3-24}$$

$$V_L = \frac{U_G}{2}\left[\frac{e^{-rL}(1+\rho_2)(1-\rho_1)}{1-\rho_1\rho_2 e^{-2rL}}\right] \tag{3-25}$$

2. 电容式电压互感器模型

换流站中用电压互感器将一次侧交流高电压转换成可供测量、保护或控制等使仪表或继电保护装置用的二次侧低电压。电压互感器的一次绕组与需测量、保护或控制的电路（如母线或变压器）并联，二次绕组与测量、保护或控制装置的电压线圈连接，使一、二次侧高压、低压电路互相隔离。

根据结构原理不同电压互感器可分为电磁式和电压式。电容式电压互感器由电容分压器和电磁单元（电磁式电压互感器）组成，电容分压器是由若干只电容器串联组成的，接于高压导线与地之间。从电容分压器适当位置引出的中压端子与电磁单元连接。

当高压开关操作时，在高压母线上将产生高频暂态电压，有可能通过 CVT 对二次电缆的末端产生电磁干扰。其干扰机理与通过 TA 基本相同，除了 CVT 是通过 CVT 的分压电容及接地引线电感的作用之外。干扰路径及等效电路分别见图 3-37 和图 3-38。

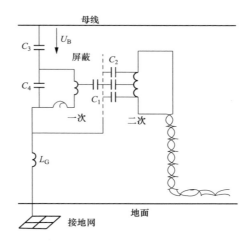

图 3-37 干扰路径

图 3-38 中 C_3、C_3 为分压电容，U_B 为 CVT 在母线引入点的暂态电位。L_G 为引线电感，Z_G 为接地网阻抗，C_2 为 TA 二次绕组与 TA 屏蔽层之间的寄生电

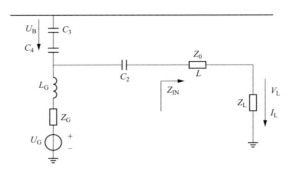

图 3-38　CVT 的等效电路

容。Z_0 为长为 L 的二次电缆的波阻抗，二次电缆的末端负载阻抗（即保护或控制电路的输入阻抗）为 Z_L。则干扰源 U_G 可表示为

$$U_G = \frac{\dfrac{j\omega C_2}{1+j\omega Z_{IN}C_2} + \dfrac{1}{Z_G+j\omega L_G}}{\dfrac{j\omega C_2}{1+j\omega Z_{IN}C_2} + \dfrac{1}{Z_G+j\omega L_G} + \dfrac{1}{j\omega C_3} + \dfrac{1}{j\omega C_4}} \times U_B \qquad (3\text{-}26)$$

其中 Z_{IN} 与式（3-23）相同，另外二次电缆干扰电压和干扰电流的表达式与式（3-24）和式（3-25）相同。

这里测量电路是用于测量一次系统直流和交流电压电流等物理量的装置和系统。测量电路直接连接一次系统和二次系统，而换流站的正常运行又直接依赖于测量系统，因此，通过测量电路传播的电磁能量对二次系统的影响值得研究。

3. 直流互感器模型

当分流器导体有电流通过时，会在周边激发产生磁场，电流元的磁感应强度为

$$dB = \frac{\mu_0}{4\pi} \times \frac{I d\vec{l} \times \vec{r}^{\,0}}{r^2} \qquad (3\text{-}27)$$

当磁场发生变化时，电压引线与分流器导体回路中的磁链会随之变化，产生感应电动势：

$$e_i = -\frac{d\Psi}{dt} = -\frac{d}{dt}\iint_S \vec{B} \cdot d\vec{S} \qquad (3\text{-}28)$$

假设分流器电流在导体棒间均匀分布，单根导体棒电流沿轴向分布，忽略在分流器在轴向上的结构差异，将分流器与管母线视为多根长直导线沿圆布的平行导体，则单根导体产生的磁场为

$$B = \vec{\alpha}^{\,0}\,\frac{\mu_0 I}{2\pi R} \qquad (3\text{-}29)$$

其中，α、R 为特定点的圆柱坐标。则所有导体产生的磁场可表示为

$$\vec{B}_s = \frac{I_s}{n} \sum_{i=1}^{n} \left(\vec{\alpha}_i^0 \, \frac{\mu_0}{2\pi R_i} \right) \tag{3-30}$$

式中　　I_s——分流器流过的总电流；

　　　　n——导体棒数量。

则环路中感生电势为

$$e_i = M \frac{\mathrm{d}I_s}{\mathrm{d}t}$$

$$M = -\frac{\mu_0}{n} \iint_S \sum_{i=1}^{n} \left(\frac{\vec{\alpha}_i^0}{R_i} \right) \mathrm{d}\vec{S} \tag{3-31}$$

其中，M 是只与分流器结构相关参数，表征分流器导体对电压引出线的磁场耦合特性。

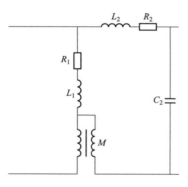

图 3-39　分流器宽频等效电路

分流器本身的电感较小，为微亨量级，在直流电流作用下，电感引起的压降相对电阻压降完全可以忽略，但当频率升高至几十或几百千赫以上的频率范围时，电感上的压降就会大大提高。

采用如图 3-39 所示模型描述分流器及电压引线的宽频特性，其中 R_1、L_1 为分流器导体电阻和电感，R_2、L_2 为电压引线电阻和电感，M 表示分流器导体对电压引线的磁场耦合，C_2 为电压引线的杂散电容。

3.5　换流站传导性电磁骚扰抑制措施

换流站的传导性骚扰主要通过在回路中增加防护设备或改变回路特性实现抑制，主要手段包括加装滤波器、安装过电压保护器件、安装隔离设备、改进接地等。

3.5.1　滤波器

为了保证 PLC 设备的正常工作，应该根据需要在换流站主回路中接入合适的 PLC 滤波器，PLC 滤波器的设计要保证在 PLC 工作频段内，由换流站产生的干扰水平不超过规定限值，同时保证滤波器不对主回路的稳定性造成影响，因此 PLC 滤波器设计时要考虑传递特性和插入损耗两个方面。

如果交流或直流侧使用 PLC 通信系统，则需要在交流或直流侧母线上安装 PLC 滤波器，以满足信噪比要求。

如果直流出线与邻近线路的水平距离小于 80m 且平行长度长于 3km，就可能对邻近线路上的 PLC 系统产生影响。在这种情况下，只有在直流线路上安装 PLC 系统才能避免对邻近线路产生影响。

距交流出线水平距离 1km 内存在其他线路时，都可能对附近线路上的 PLC 系统产生影响，均应安装 PLC 滤波器。

另外，根据现有标准的要求，架空线路谐波水平必须满足特定要求，换流站阀动作时的谐波成分是非常严重的，因此交流侧和直流侧都要配备合适的滤波器。滤波器设计要考虑频率特性，即要滤除特定频率的谐波，同时还要考虑滤波器的满足承受特定的功率要求。在设计滤波器时，必须明确在特定功率和运行方式下的谐波水平，通过分组投切不同工况下的实现滤波。

二次系统中用得最广泛的是安装在大多数电子设备电源端口的低通滤波器，这种滤波器通常有两个功能：衰减差模骚扰和共模骚扰。

第一个功能直接取决于滤波器的传递特性，通常比较容易达到。而第二个功能主要取决于滤波器的安装方式和接入设备的方式，常常会出现问题。

保证正确地抑制共模传导骚扰的唯一办法就是把滤波器直接安装在电缆进入设备的入口处（或电缆进入安装设备的机架或小室的入口），并使滤波器的金属外壳和机架直接接触，而不是（或者至少不仅是）仅以接地线相连。

最常用的滤波器为电容，在二次设备的入口处安装电容后，能起到很好的滤波和减小电磁干扰的效果。

表 3-7 所示为 500kV 电站短路故障时，假设过电压达 2p.u.，采取屏蔽和滤波电容后对 TA 控制电缆的电磁干扰的影响，可见采取屏蔽措施后二次电缆上的干扰电压只是无屏蔽时的 40%，而干扰电流只是无屏蔽时的 27.4%。单纯加装电容后，二次电缆上的干扰电压只是原来的 3%，干扰电流只是原来的 3%。如果同时采取屏蔽和滤波措施，则二次电缆上的干扰电压和干扰电流减小到无屏蔽和无滤波措施时的 1%。

表 3-7　　　　屏蔽和滤波电容对 TA 控制电缆的电磁干扰的影响

抗干扰方法	二次电压（kV）	二次电流（A）
无屏蔽无滤波	32.0	213
有屏蔽无滤波	12.8	85.5

抗干扰方法	二次电压（kV）	二次电流（A）
无屏蔽 0.01μF 滤波	3.91	26
屏蔽 0.01μF 滤波	1.65	11
无屏蔽 0.05μF 滤波	1.77	11.6
屏蔽 0.05μF 滤波	0.397	2.64
无屏蔽 0.5μF 滤波	0.980	6.53
屏蔽 0.5μF 滤波	0.042	0.275

3.5.2 过电压保护器件

浪涌保护器件和电流隔离的概念完全不同，只要浪涌保护器件动作就将浪涌电流泄放入地，在整个骚扰存在时间内被传输信号的电气特性破坏了（有可能是电压被箝位、源阻抗改变，甚至短路）。

当泄放入地的电流较大时，有时会引起共阻抗耦合或地电位升高，在别的地方引起干扰问题。因此，只有在可能被骚扰断开的电路中才用过电压保护器件，在带有保护信号的电路中通常不应使用。

常用的过电压保护器件有三种（单独使用或联合使用）：

（1）气体放电管；

（2）金属氧化物压敏电阻；

（3）TVS 二极管。

表 3-8 概括了三类器件的主要特性。

表 3-8　　　　　　　　　　　过电压保护器件的主要特性

特性	气体放电管	压敏电阻	TVS 二极管
通流容量	高	中	差
响应时间	低	中	高
保护电平（PL）	高（与波形有关）	任选（与电流有关）	任选
动态 PL/静态 PL	>1	≈1	≈1
电容	很低	高	中
泄漏电流	没有	有	没有
寿命	短	好	好

气体放电管主要用于需要高通流容量的保护方案中（由于雷电或电源故障引起的骚扰）。它们的最小 DC 闪络电压典型值约 90V，而它们的动态闪络电压在 $1kV/\mu s$ 时往往要超过 500V。由于此"残留的"暂态电压太大，而且由于泄

放入地的电流通常也较大，通常不推荐在设备内部安装这种保护器件；它们可较好地作为整个设施的初步的保护，安装在电缆进入建筑物（房间）的入口处。

与气体放电管相比，压敏电阻的优点是不会将信号短路并且动态特性好，因此它们的应用很广，主要用于电源回路。但由于它们的电容较大，故对高频电路（例如 2Mbit/s 的 PCM 电路）不适用。

TVS 二极管不能通过大电流，但其箝位电压可以很低，并且和电流无关，因此它们主要在靠近设备或被保护电路处用做浪涌抑制二级保护。

为保护灵敏的电子设备免遭浪涌损害，多采用多级的串级保护方案。在这里，高能量浪涌保护器（Ⅰ型 SPD）安装在建筑物的入口处，以泄放浪涌能量的主要部分，低能量 SPD 通常被称作过电压抑制器（Ⅱ型 SPD）安装在靠近被保护设备处。

对于这样的保护方案，在避雷器和抑制器之间，需要一定的配合，以使浪涌能量在各部件之间很好地分配。配合中必须考虑各元件的箝位电压、响应时间、通流容量，以及它们之间的波阻抗和侵入浪涌的波形。这种配合问题有时不是很容易解决的。

在计算机、设备的 RS-232、RS-485、RS-422 串行口加入专用的浪涌保护器，避免高电压、雷击、静电等导致设备的损坏。浪涌主要指由于雷击、供电电压波动、静电放电、电磁场干扰及地电位差别过大等原因引起回路突现过电压、过电流的现象。直击雷或感应雷带来的强大电磁场干扰常常是形成强大浪涌的主要原因，其电流波形的上升沿异常陡峭，形成对设备的强大冲击。

所有Ⅰ型保护器必须在与电子设备隔开的小室或机架处再次接地，并且安装处要尽可能靠近房间或建筑物的入口；只有Ⅱ型保护（抑制器）可允许放在设备内部。

电缆敷设必须和所安装的干扰抑制设备相对应，特别是当用隔离变压器的时候，必须注意使输入、输出导线间保持一定距离，以降低它们二者间的容性和感性耦合。

只要有可能，所有与一条电缆有关的电路必须以同样的方式保护。当只有其中的一些电路用了隔离变压器保护，而另外一些没用或者只装了浪涌保护装置，电路之间的绝缘电平必须至少等于变压器的绝缘电平。

3.5.3 隔离措施

提供隔离的最常用的部件有如下几种：

（1）电磁或静态继电器。通常仅限于开-合操作和很低频率下应用，隔离电平不超过 2kV（50/60Hz）。

（2）光耦合器。价廉、应用广（单独用或和其他电子电路一起用）。传递信号频率范围可达兆赫兹级，隔离电平可达 5kV。

有时，输入和输出间的杂散电容（可达几皮法）可能严重限制高频下的共模抑制比，好的设计是在输入和输出间加屏蔽。

（3）隔离变压器。应用最广泛，它可在对现有电路不做任何改变的情况下很容易地接入任何电路，通常在其输出不需任何功率输入。传输信号频率范围从几赫兹到几兆赫，隔离电平可达 20kV（有效值）。其一、二次绕组间的杂散电容比光耦合器大（可达几百皮法），可用一接地的屏蔽来消除其影响。

多数隔离变压器具有带中间抽头的绕组，通过此抽头可将电路接地，这对处理纵向和共模的工频电压很重要。还有，当通信设备呈现为一高的共模阻抗时，由于变压器的杂散电容可能发生引线对地闪络。这种情况下，在设备侧将中性点直接接地或通过浪涌波保护装置接地就非常必要了。

（4）光纤及光电隔离系统。对于所有的电磁骚扰都是一种最好的屏障。但除非用于多路信号传输（例如地区网），由于其（包括终端设备在内）价格较高，只限于用在要求宽带传输（即差分数字保护或远方保护）的复杂系统。

现场设备接口电路中充分考虑光电隔离。在实际的电子电路系统中，不可避免地存在各种各样的干扰信号，若电路的抗干扰能力差将导致测量、控制准确性的降低，产生误动作，从而带来破坏性的后果。因此，若硬件上采用一些设计技术，破坏干扰信号进入测控系统的途径，可有效地提高系统的抗干扰能力。事实证明，采用隔离技术是一种简便且行之有效的方法。隔离技术是破坏"地"干扰途径的抗干扰方法，硬件上常用光电耦合器件实现电→光→电的隔离，它能有效地破坏干扰源的进入，可靠地实现信号的隔离。

在光电耦合器的输入部分和输出部分必须分别采用独立的电源，若两端共用一个电源，则光电耦合器的隔离作用将失去意义。当用光电耦合器来隔离输入输出通道时，必须对所有的信号（包括数字量信号、控制量信号、状态信号）全部隔离，使得被隔离的两边没有任何电气上的联系，否则这种隔离是没有意义的。

有时，有必要将不同类型的隔离器件联合使用，例如隔离变压器和继电器或光耦合器或光纤。例如传输直流信号的电话回路就有这种需要。

3.5.4　接地系统改进

提高二次电缆电磁干扰的防护水平需要正确理解电缆屏蔽层的作用以及屏蔽层应如何正确接地。国内外对二次电缆屏蔽层应一端接地还是两端接地还有争议。

IEEE 的标准提出屏蔽层应一点接地，但许多文献提出了不同意见。最新的 IEC 国际标准推荐屏蔽层采用两点接地。为抑制电磁干扰及其引起的过电压侵入二次设备，将电缆的屏蔽层两端接地是较好的解决办法。屏蔽层两端接地的方式，相当于并联在地电网上，地电网中的电流会有部分从屏蔽层流过，产生噪声电流，这个电流在正常运行时会在电缆芯线上产生一个干扰电压，严重时会造成电缆烧毁。传送较强信号的电缆，干扰信号的比例相当小，完全可在二次设备的接收端消除。

传送弱电信号的电缆（如通信电缆），信号很可能会是一个较大的干扰，所以采用一点接地方式比较合适。对十分重要的信号也可以采用双屏蔽层电缆传送，内层一点接地，外层两点接地，必要时也可采用光纤传输。为了防止烧毁电缆，除了尽量降低接地网电阻外，采用适当降低电压差分布的方法。实践中采用专用等电位接地网作为两点接地的配套措施，即把屏蔽层的两端均接至等电位接地网。对于地电流特别大的换流站，可以采用把屏蔽层一端经接地电阻在开关场接地的两点接地方法。

常规二次回路及设备接地这些回路的抗电磁干扰性能较好，一般不需要采取特殊的抗干扰措施。但电流互感器和电压互感器的接地要求应符合有关规程和反措的要求。当多组电流互感器二次回路间有电路联系时，如变压器差动保护、母线差动保护等，应将各电流互感器中性点在主控室并联后经一点接地。

二次设备等电位接地网设计建议：

（1）将所有的保护控制屏柜及汇控箱中的二次接地铜排与屏柜本体绝缘隔离，二次接地的全部接至铜排。无接地铜排（如现场电压互感器和电流互感器接线盒中）处的电缆屏蔽与一次设备本体绝缘，在汇控箱中将电缆屏蔽单点接地。

（2）主辅控制楼、继电保护室、高压开关室均按反措要求设置专用等电位区域网，并且保证与接地网有效隔离。

（3）开关现场端子箱中设置与箱体绝缘的专用铜排，并在电缆沟敷设连接铜排连接成室外等电位接地网，连接铜排与一次接地网有效隔离。室外二次接地网不能连接成环状，宜连接 M 形。

（4）室外二次接地网，通过截面积不小于 150mm^2 的铜缆与控制保护室二次接地网可靠连接，形成一个总的等电位接地网。

（5）合理选择等电位总网与接地网唯一连接点的位置，二次接地网与换流站主地网连接点应距离避雷器等一次设备的泄流点 3～5m。

第 4 章 换流站辐射性电磁骚扰特性及抑制措施

换流站内由于高压导线的电晕以及阀厅内晶闸管在导通和关断过程中都会产生辐射性电磁骚扰，本章主要针对在换流站运行过程中，晶闸管持续地导通和关断产生的骚扰进行研究。分别从骚扰源的类型、分析计算方法两个角度进行阐述，并结合实际阀厅对电磁骚扰进行预测，并给出了通过屏蔽设计方法以达到抑制辐射骚扰的目的。

4.1 辐射性电磁骚扰对换流站的影响

高压直流换流站稳态运行和开关操作时，都将在换流站产生非常复杂的电磁环境。为了实现高压直流换流站以及阀厅的电磁兼容性设计，需要充分掌握高压直流换流站和阀厅的电磁骚扰的特征信息，充分认识稳态运行时换流阀的触发导通和关断截止过程产生稳态电磁骚扰的机理，以及换流站投切换流变压器、投切滤波器组等开关操作时产生瞬态电磁骚扰的机理。

换流站内的保护、控制、测量和通信等以微电子器件组成的二次设备会不同程度地受到这些电磁骚扰的影响。当这类影响大到使二次设备的功能丧失或性能下降时，将会对换流站的安全稳定运行构成威胁。对换流站不同区域的各类骚扰进行测量与特征分析，获得骚扰的特征信息，从而正确评估二次设备的电磁环境，是合理确定二次设备抗扰度水平的依据。

4.1.1 换流站内辐射骚扰源的成因

换流站电磁骚扰源情况复杂，电磁骚扰频带也比较宽，从产生机理区分，换流站骚扰源可以分为如下四种：

（1）操作、雷电和故障引起的电磁骚扰；

（2）换流站高压设备电晕产生的电磁骚扰；

（3）换流站高压设备放电产生的电磁骚扰；

（4）换流阀运行引起的持续电磁骚扰。

由开关操作（如断路器操作）、大气过程（如雷电放电过程）引起的暂态现象，不会产生持续的稳定电磁环境。电晕和由设备放电产生的干扰与一般的交流高压场站的干扰现象相似。研究的一个基本假设是换流站设计可以满足这种现象对应的抗扰度要求，即在上述现象发生时，能够保证换流站设备不受影响并正常运行。

换流站运行引起的持续电磁骚扰主要是由于阀厅内换流阀晶闸管在导通和关断过程中，阀体上产生暂态电压和电流，在换流站运行过程中形成持续的骚扰噪声，这是换流站中最主要的骚扰源。在此种情况下，阀厅内阀塔的导线、金属框架和阀厅外直流系统主回路的导线架构均可以看作是天线结构在暂态电压和电流励磁下产生辐射场从而对周围产生电磁骚扰。

阀厅内的电磁骚扰源可以看作由两部分组成，一部分是由瞬态量沿阀片附属电路的传播过程中产生的电磁骚扰，这部分骚扰量虽然频率较高但幅值很小。另一部分是由瞬态量沿换流阀的主回路传播过程中产生的电磁骚扰，该部分骚扰量的幅值很大，是阀厅电磁骚扰的主要因素。

阀厅外的电磁骚扰源也可以看作由两部分组成，一部分是由阀厅内的电磁骚扰透过阀厅墙壁在外部空间产生的瞬态量，这部分骚扰量与阀厅墙壁的屏蔽效能（简称阀厅屏蔽性能）密切相关，是需要重点抑制的部分；另一部分是由阀厅内瞬态量沿直流系统的主回路传播，在空间产生的电磁骚扰，该部分骚扰量与电晕电流产生的无线电干扰混叠在一起，是换流站附近电磁环境的主要组成部分。

由于阀厅电磁骚扰可能对周围的电磁环境产生影响，所以必须对电磁骚扰的特性进行研究并在阀厅建造过程中采取一定的电磁骚扰抑制措施，最常用并且有效的措施是电磁屏蔽。在此首先给出屏蔽效能的定义：屏蔽效能系数 SE 是指未加屏蔽时某一点的场强（E_0，H_0）与同一点加屏蔽后的场强（E_s，H_s）之比。

$$电场 \quad SE = 20\lg\frac{E_0}{E_s}(dB) \tag{4-1}$$

$$磁场 \quad SE = 20\lg\frac{H_0}{H_s}(dB) \tag{4-2}$$

4.1.2 辐射性电磁骚扰的限值

如前所述，研究阀厅电磁骚扰问题包括电磁骚扰对安装在阀厅旁边控制楼内的电子设备的影响以及对换流站周围无线电信号的干扰两个问题。国内外相关标准确定了对上述两个问题的主要参考依据。

（1）对电子设备的电磁骚扰。阀厅电磁骚扰对周围电子设备的影响主要参考 IEC 61000-4-3《电磁兼容性（EMC）　第 4-3 部分：试验和测量方法　辐射、射频和电磁场抗扰试验》，该标准规定了电子设备对于辐射场的最大抗扰度为 10V/m［140dB（μV/m）］，如表 4-1 所示。因此要保证主控楼内各种电子设备的正常工作，则阀厅电磁骚扰的电场强度在阀厅的边缘位置应被控制在 10V/m 以下。

表 4-1　　　　　　　　　抗扰度限值——外壳端口

测试	环境分类	基本标准	电厂或中压电站设备		高压电站	
			等级	限制	等级	限制
外壳端口	射频和无线电电磁场 80M～3000MHz	IEC 61000-4-3	3	10V/m ［140dB（μV/m）］ （峰值）	3	10V/m ［140dB（μV/m）］ （峰值）

（2）无线电干扰水平。

1）ITU-T K. 60。国际电信联盟（ITU）的建议 K.60 规定了 9k～3GHz 内电信网络的无意辐射骚扰强度的测量方法和电场强度辐射限值，如表 4-2 所示。采用峰值检波时，1M～30MHz 内的骚扰限值为

$$E_L = 52 - 8.8 \lg f \tag{4-3}$$

式中　E_L——峰值检波下骚扰限值，dB（μV/m）；

　　　f——频率，MHz。

由式（4-3）可知，无线电干扰限值随着频率的升高而降低，当频率为 30MHz 时，无线电干扰限值为 39dB（μV/m）。

表 4-2　　　　　　　　　K. 60 标准限值

频率范围（MHz）	场强［dB（μV/m）］		测量带宽（kHz）
	峰值检波	准峰值检波	
0.009～0.15	52～20$\lg f$	—	0.2
0.15～1	52～20$\lg f$	—	9
1～30	52～8.8$\lg f$	—	9
30～230	—	40	120
230～1000	—	47	120

注：f 为频率，单位为 MHz。

2）标准 GB 13614—1992《短波无线电测向台（站）电磁环境要求》中对工

业、科学和医疗设备的无线电干扰限制在短波频段的取值见表 4-3。从表中可以看出在标准规定的 1.5M～30MHz 范围内，干扰场强最低为 40dB（μV/m）。

表 4-3   无线电干扰限制在短波频段的取值

频率范围（MHz）	干扰场强〔dB（μV/m）〕
1.4～1.705	65
1.704～2.194	70
2.194～3.95	65
3.94～20	50
20～30	40

3）IEEE 430 和 ANSIC 63.2。在评价阀厅无线电干扰水平时，必须满足无线电干扰限值的区域和测试方法可以参考 IEEE 430 标准和 ANSIC 63.2 标准。该区域如图 4-1 所示，在距离换流站内带电设备 450m 距离的圆周上各点以及沿换流站 AC/DC 出线 5000m 长线路两侧的特定区域内无线电干扰水平均不能超过限值。即：在任意直流传输水平下，换流站在特定点或轮廓线上产生的无线电干扰水平不超过 100μV/m〔40dB（μV/m）〕，在 0.5M～20MHz 频率范围内所有频率上，判据都要满足要求。在 20M～1000MHz 频率范围内，给定点和轮廓线上的射频干扰水平不超过 10μV/m〔20dB（μV/m）〕。

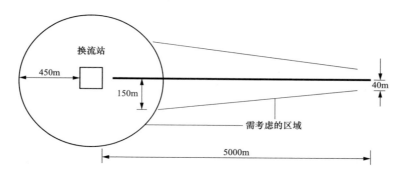

图 4-1   无线电干扰水平测试区域（辐射干扰限值轮廓线）

将上述辐射场标准限值绘制在图 4-2 中。标准综合考虑上述标准，可以发现，IEEE 430 和 ANSIC 63.2 的要求较严。从简化计算分析的角度考虑：

a. 在阀厅墙体边缘应用 IEC 61000-4 系列标准控制，要求辐射场强不超过 10V/m。

b. 无线电和射频干扰水平按照 IEEE 430 和 ANSIC 63.2 控制，要求 0.5M～

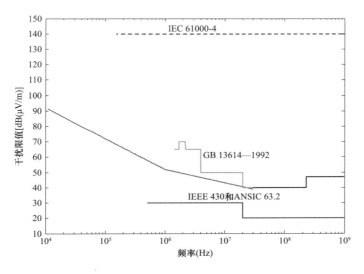

图 4-2 各标准限值要求比较图

20MHz 内不超过 40dB（μV/m）（100μV/m），20M～1000MHz 内不超过 20dB（μV/m）（10μV/m）。

在分析时，为确定阀厅需要的屏蔽效能，只考虑阀厅的电磁辐射，即不考虑开关场内设备和线路的辐射。

4.2 换流站辐射性电磁骚扰源

换流阀电压和电流沿着换流电路和宽频电路传输到交直流母线上去，在传导过程中所经过的一些元器件，其长度或半径远小于电磁波波长，可以等效视为电偶极子或磁偶极子，在高频电磁噪声作用下，这些导体会向空间辐射电磁场，部分高频骚扰能量进入空间，就形成了电磁辐射。因此这些元器件辐射的电磁噪声就是换流站空间中主要的电磁骚扰源，如图 4-3 所示。

图 4-3 中示出了换流站中产生空间辐射骚扰的六个主要骚扰源，分别为：

（1）S1。阀厅中阀和阀电路部件上传导电流产生的辐射骚扰。

（2）S2。阀厅中阀与穿墙套管间器件或连接线上传导电流产生的辐射骚扰。

（3）S3。换流变压器和交流 PLC 滤波器之间电路器件或连接线上传导电流产生的辐射骚扰。

（4）S4。交流场母线和架空电力线上传导电流产生的辐射骚扰。

（5）S5。位于平波电抗器与直流滤波器之间器件连接线或直流母线上传导电流产生的辐射骚扰。

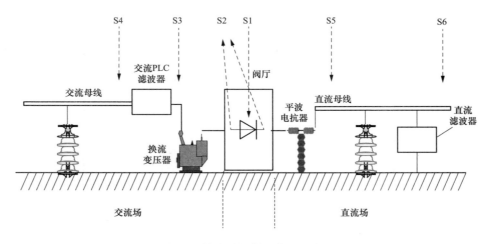

图 4-3　换流站辐射骚扰源示意图

（6）S6。直流场母线和架空电力线上传导电流产生的辐射骚扰。

以上六个骚扰源产生的电磁干扰通过辐射耦合的方式进入敏感设备。外界电磁骚扰进入电子设备并干扰其中的敏感电路的途径有：

（1）电子设备的接收天线，以及具有天线效应的输入、输出馈线和设备外壳（即开的孔、缝隙是天然的电磁波通道）。

（2）经由输电线及其配电线进入电子设备的电源系统，并以传导耦合的方式到达敏感设备。

其中 S1 与 S2 位于换流阀厅内部。换流阀内电压电流幅值高，且频带宽。由于电流电路结构复杂，内部大量用于连接元件的线路都可能成为潜在的载流或加压导体，向空间辐射电磁能量。但换流站的阀厅一般都采取了良好的电磁屏蔽，直接辐射的作用被大大削弱。换流站内空间电磁场及周边无线电干扰的主要来源为 S3～S6 这四个骚扰源，因此研究换流站内电磁骚扰的重点放在这四个骚扰源所产生的空间电磁骚扰，同时给出阀厅内的电磁环境和应当具备的屏蔽效能。

4.3　换流站辐射性电磁骚扰分析方法

由于阀厅内存在阀塔以及极导线等大量金属导体结构，同时换流阀在不同工况和频率下体现出不同的阻抗特性，只有利用电磁场数值计算方法才能较为精确地求解此类复杂的电磁场问题。在目前应用的多种电磁辐射和散射的计算方法中，积分方程法是最适合计算机求解的一种方法。在电磁学领域，

R. F. Harington 于 1968 年最先提出的矩量法成为数值求解电磁场的一种经典而且非常有效的方法。

矩量法将金属结构分为细线和导体面两种模型，以导体线、面上的等效电流作为未知量，根据边界条件建立电场积分方程和磁场积分方程。对积分方程进行求解得到导体上的电流分布，进而求得空间电磁场等感兴趣的量。由于可以通过不同形式的格林函数对各种大地情况进行建模，并且可以利用不同形式的积分方程对含有良导体或不良导体以及集中负载元件等多种结构进行建模，所以矩量法对于分析各种线导体结构的电磁辐射和电磁散射问题具有建模简单和计算效率高的优点，非常适合对阀厅电磁骚扰问题进行分析。

由于矩量法是基于电磁场频域进行计算，并且在对阀厅电磁骚扰的建模计算中以换流阀两端的电压作为激励源，所以需要对换流阀导通和关断过程中阀两端的暂态电压进行傅里叶变换得到其频谱特性，再对各频点分别进行电磁骚扰值的计算。

4.3.1　计算方法概述及基本假设

由于阀厅内的散射体全部为金属线或面导体，因此使用矩量法对阀厅产生的电磁辐射进行计算是一种简单且可行的方法。在计算时一般采用以下两种方法：其一，直接利用阀厅内的各段导体时域电流，利用电流产生的空间辐射场公式计算；其二，借助于基于矩量法开发的软件，在晶闸管或线路首末端加电压源，建立包含导线、金属板、阻抗等元件的模型进行计算。由于第一种方法直接将时域电流作为激励源进行计算，本文将其称为直接时域计算方法，与此对比，将第二种方法称为直接频域计算方法。

采用矩量法计算时建模过程中为了获得准确且有效的数值结果，要求遵循以下基本规则：

（1）一般要求分段后导体单元段长度 $\Delta \leqslant \lambda/10$，其中 λ 是工作电磁波最高频率对应的波；对于没有分支的长导线可以采用长一些的分段，分段长度的上限由计算所要求的精度决定，一般为 0.2 倍的波长。

（2）分段后导体单元段长度 $\Delta/r \geqslant 8$，其中 r 是导体半径，但是实际上由于直流系统为了承载大电流的需要，导线半径都较大，并以扁钢为主，在电磁骚扰的数值以预测时，可以假设导线半径为波长的百分之一。

4.3.2　直接时域计算方法

时域计算方法以阀厅内各段导体上的时域电流为激励源，分别计算各段导体的辐射场，再进行叠加即可获得阀厅的电磁骚扰水平。具体步骤如下：

（1）通过测量或计算获得全部导线在任意时刻的电流；

（2）依据上节的分段规则，对需要计算电磁场强度的空间点，计算各段电流在这一点同一时刻的场强并叠加。

由于对阀厅电磁骚扰水平的分析，需要频域计算结果，因此一般将第一步获得的时域电流进行傅里叶变化得到其频域响应，再计算不同频点下在空间点的响应并叠加即可。

4.3.3　直接频域计算方法

直接时域计算方法虽然计算简单，但是其显著缺陷在于只能考虑流过电流的导线产生的辐射场，不易建立阀厅内其他导线或金属架构的散射场，因此预测高频电磁骚扰时可能偏差较大。因此有必要从频域角度寻求模型更准确的计算方法。

由于阀厅的电磁骚扰是由换流阀通断产生的，因此可以将发生开断的换流阀作为激励源进行电磁场分析，具体步骤如下：

（1）通过测试或计算获得任意换流阀开断过程中各个晶闸管两端的电压时域波形；如第 k 支换流阀臂导通时晶闸管两端电压波形为 $u_k(t)$；

（2）同时获得阀厅交直流套管出线侧的电压 $u_L(t)$ 和电流 $i_L(t)$；

（3）将各个电压和电流时域波形变换到频域；其中晶闸管两端电压频域结果为 $U_k(f)$；模型终端的电压和电流分别为 $U_L(f)$ 和 $I_L(f)$，由终端的电压和电流可以得到终端负载为 $Z_L(f)$。

（4）以全部晶闸管两端电压频域 $U_k(f)$ 为激励，加入终端负载 $Z_L(f)$，建立包含晶闸管、各元件、线路和金属板的计算模型，使用矩量法分别计算各个频点下的空间辐射电磁场，从而得到各频点 f_0 处的电磁场分布。

上述方法中以晶闸管上的电压作为激励源，交直流出线以负载代替进行计算。如果利用互易定理，可以将两者交换进行计算，步骤如下：

（1）利用换流阀臂换流阀开断过程中各个晶闸管两端的电压和电流时域波形，获得晶闸管的时域电阻波形；如第 k 支换流阀臂的晶闸管电阻波形为 $Z_k(t)$。

（2）同时获得计算模型终端的电压 $u_L(t)$。

（3）将电压和电阻时域波形变换到频域。其中晶闸管频域阻抗结果为 $Z_k(f)$；模型终端的电压为 $U_L(f)$。

（4）以计算模型终端电压 $U_L(f)$ 为激励，加入各个元器件的频域阻抗，建立包含晶闸管、各元件、线路和金属板的计算模型，使用矩量法分别计算各个频点下的空间辐射电磁场；从而得到各频点 f_0 处的电磁场分布。

4.3.4　推荐的计算方法

对比上述两种方法，很显然直接时域方法直接以电流为激励进行考虑因素少，计算简单；而直接频域方法由于可以同时考虑线路、金属架构等多种复杂结构的影响，模型更为准确，但是计算速度慢，建模复杂。考虑到常用的矩量法计算软件，如 FEKO 等，不适合建立大量电流源模型，因此以电压源、导线、金属板和负载为基本元件的直接频域法就非常适合于借助于成熟的软件进行工程计算。

需要说明的是，在电磁骚扰预测计算时需要导线、晶闸管或出线侧的电压或电流，应该以实际测试结果作为已知条件进行准确计算，但是这几乎是不可能获得的。因此实际计算时往往借助于 EMTDC 等系统仿真软件并结合晶闸管、换流变压器、滤波器、平波电抗器等主要设备的宽频电路模型计算获得需要的宽频电压电流，再使用上述方法进行电磁骚扰预测。

另外，进行电磁骚扰计算的目的一方面是为了获得阀厅对外的电磁骚扰水平，另一方面也是为了确定阀厅设计时需要的屏蔽效能。因此一般先假设阀厅不存在进行空间电磁场计算，如果需要计算阀厅对外的实际电磁骚扰水平，则将计算结果减去测试获得的实际阀厅的屏蔽效能；如果在设计时，需要确定阀厅的屏蔽效能，则利用阀厅外环境和设备的电磁兼容标准要求，结合不考虑阀厅存在时的空间电磁场计算结果进行确定。计算时采用直接频域法中的第二种进行计算。

4.3.5　计算时的简化模型

应用矩量法建模时用细导体段等值表示金属导线或金属棒，用导线段构成的网格等值表示薄金属面。并充分考虑导体的形状和位置参数，矩量法在计算电磁场分布时，不考虑电流在导线横截面上的分布，认为电流是集中在中心或均匀分布在横截面上的。

建模时对金属导体本身物理参数的处理方法有三种：

（1）理想导体、带有集中负载的导体。理想导体不考虑材料的阻抗特性，认为导体的阻抗为零，在一般情况下，如果导体的电阻率较小或导体的阻抗对问题影响不大时，这种方法可以满足要求。

（2）带有阻抗参数的导体。这种方法是对非理想导体的近似，用集中或分布阻抗参数来表示导体对电流和电压的影响。这种方法可以灵活的处理导体参数，可以通过预先阻抗计算考虑导体的材料特性和趋肤效应。

（3）带有材料参数的导体。这种处理方法最接近实际情况，对于带有材料参数的非理想导体，导线的阻抗计算考虑了导体的趋肤效应。单位长度导线的阻抗用式（4-4）计算得到：

$$Z = \frac{j}{a} \sqrt{\frac{\omega\mu}{2\pi\sigma}} \frac{Ber(q) + jBei(q)}{Ber'(q) + jBei'(q)} \tag{4-4}$$

式中　　a——导线半径；

　　　　σ——导线电导率；

　　　　μ——导线磁导率（非铁材料取为 $\mu_0 = 4\pi \times 10^{-7} H/m$）；

Ber，Bei——分别为开尔文函数。

但这种方法对处理金属管时存在问题，在建模时利用复杂结构进行管状导体建模会大大增加计算量。在实际问题分析过程中，可以利用趋肤效应进行等值建模，式（4-5）给出了趋肤深度的计算公式。表 4-4 给出了常见的三种金属材料在不同频率下的趋肤深度。

$$d = \sqrt{\frac{2}{\omega\mu\sigma}} \tag{4-5}$$

因此，在一定频率以上频率范围，如果金属管厚度大于趋肤深度，使用等外径的金属棒表示金属管。

表 4-4　　　　　　　　　　**常用金属的趋肤深度**（mm）

频率（Hz）	趋肤深度（mm）		
	铜	铝	钢
100	6.60	8.38	0.66
1k	2.08	2.67	0.20
10k	0.68	0.89	0.76
1M	0.080	0.080	0.008
10M	0.0200	0.0250	0.0025

总之，应用 FEKO 软件对阀厅屏蔽效能进行分析时，建模采用以下原则：

(1) 阀臂采用用串联阻抗的细导线模型；

(2) 金属框架采用完纯导体板模型；

(3) 连接线采用细导线模型；

(4) 交直流出现采用串联阻抗的电压源模型。

为简化分析，导线全部采用半径为 0.01m 的导线模拟（经过对比验证，计算辐射场时导线半径的改变对计算结果影响很小）。金属框架采用金属面导体建模，不考虑金属框架的厚度，假想为完纯导体构成的薄导体板。

4.4　±800kV 直流工程阀厅电磁骚扰预测

下面以国内某±800kV 直流工程为例，分析换流站阀厅产生的辐射性电磁骚扰。该直流工程换流站每极有两个阀厅，阀厅与主控楼直线排列，低压阀厅与主控楼相邻。阀厅的电磁辐射主要取决于频率较高的电磁分量，其产生的电磁干扰水平主要决定于电气几何结构和金属连接线的高频电压水平，同极的两个阀厅主要差异之一是对地电位的高低，这个因素会对地面直流场强产生直接影响，但对辐射场的影响差异远小于对直流场的影响差异。本章的计算结果中分别计算高压阀厅和低压阀厅的无线电和射频干扰水平，并综合分析获得换流站全部阀厅的无线电干扰水平。

换流阀产生的辐射骚扰水平随距离衰减很快，因此主控楼受到的辐射骚扰主要决定于低压阀厅产生的辐射电磁噪声。因此本节在基于 IEC 61000-4 系列标准分析对电子设备的影响时主要针对低压阀厅附近的辐射场强度。

4.4.1　阀厅计算模型

±800kV 直流工程整流站和逆变站每个极均由高压和低压两个 400kV 阀厅串联组成，且两个阀厅相互对立，所以研究±800kV 换流站阀厅的电磁骚扰问题可以简化为研究±400kV 阀厅的电磁骚扰问题。并且由于逆变站和换流站在电气结构上呈对称分布，正负极也成对称分布，因此本报告重点分析了换流站正极和负极阀厅的电磁骚扰特性。依据相关工程设计资料，±800kV 换流站阀厅内阀塔计算模型如图 4-4 所示。建立的计算模型以垂直地面向上为 z 轴正方向。

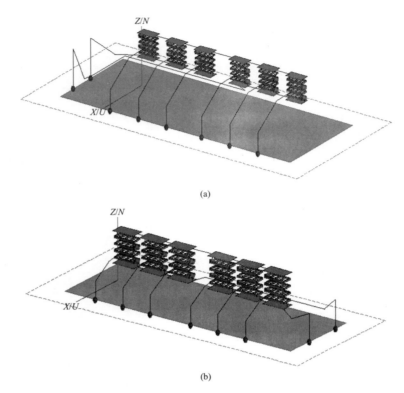

(a)

(b)

图 4-4 ±800kV 换流站阀塔计算模型

（a）高压阀厅计算模型图；（b）低压阀厅计算模型图

图 4-5 给出了正极侧阀厅阀臂电压随时间变化的波形。在时域上同一换流器各个阀臂电压波形近似相同，只是存在时间差。傅里叶变化后得到的频谱幅值相同，仅存在相位差异。图 4-6 给出了正极侧阀厅阀臂晶闸管电压的幅频特性，从图 4-6 中可以看出，不同频率分量的幅值可达 10^9 倍，低频分量（<1kHz）为 10～100kV，而几百兆赫的高频分量仅为 nV 量级。

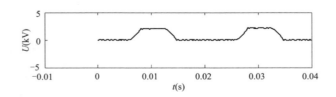

图 4-5 ±800kV 正极侧阀厅阀臂电压时域波形

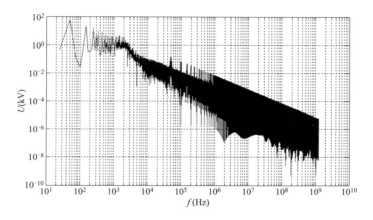

图 4-6 ±800kV 正极侧阀厅阀臂晶闸管电压幅频特性

4.4.2 阀厅内外辐射电场强度

图 4-7 给出了阀厅内电场强度最大值随频率的变化曲线。图 4-8 给出了阀厅边缘 1m 范围内电场强度最大值随频率的变化曲线，由于该场强为不考虑墙体屏蔽结构前提下得到的计算值，所以可以用该值来评估阀厅周围辐射电场的影响以及阀厅所需采用的屏蔽措施。从图 4-7 和图 4-8 可以看出，电场强度的低频分量要明显高于高频分量，10kHz 时的电场强度高于 1MHz 时 40 倍左右。并且电场强度在阀塔下面值较大，离开阀塔正下方，电场强度迅速衰减。

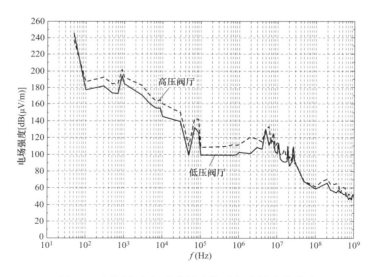

图 4-7 阀厅内电场强度最大值随频率的变化曲线

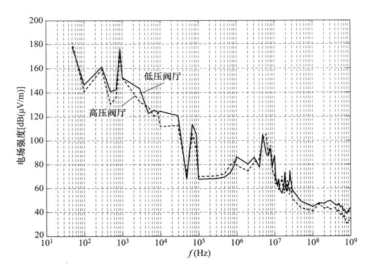

图 4-8　阀厅边缘 1m 范围内电场强度最大值随频率的变化曲线

从图 4-8 可以看出，高压阀厅和低压阀厅边缘在频率高于 10kHz 后，场强均低于 140dB（μV/m）（10V/m），虽然较低频率时电场强度较高，最高可达 180dB（μV/m）（1kV/m），但是阀厅一般对低频电场屏蔽较好。因此不需要专门考虑阀厅对电子设备的干扰影响。

4.4.3　阀厅无线电干扰（1.5M～30MHz）水平

对换流站辐射性电磁骚扰的分析主要以阀厅产生的无线电干扰水平为对象，计算时不考虑换流站内线路产生的无线电干扰。平波电抗器、滤波器等均使得线路上的高频分量显著降低，因此由线路产生的无线电干扰远低于阀厅的无线电干扰水平。

图 4-9 给出了不同频率情况下，阀厅无线电干扰水平（RI）最大值随频率的变化曲线，从图 4-9 中可以看出单一阀厅最大辐射强度约为 62dB（μV/m）。虽然作为电磁骚扰源的换流阀两端的暂态电压的频谱分量随着频率增大而迅速下降，但阀厅天线结构的辐射效应却是随着工作频率的增大而加强，两种因素综合作用使得阀厅无线电干扰水平在 10MHz 附近较大。

对于整流站和逆变站均存在四个阀厅，各阀厅对外均产生无线电干扰。在计算时认为两极高压阀厅的辐射水平相同，低压阀厅的辐射水平相同。由换流站对外产生的无线电干扰由四个阀厅共同产生。计算时将四个阀厅的结果总和作为全部阀厅的无线电干扰水平。图 4-10 给出了阀厅对外的无线电干扰水平，

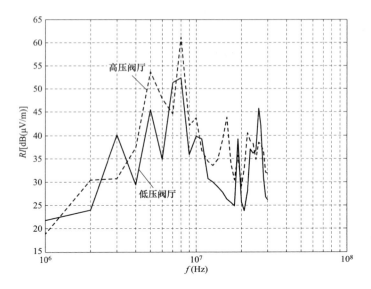

图 4-9　阀厅无线电干扰水平最大值随频率的变化曲线

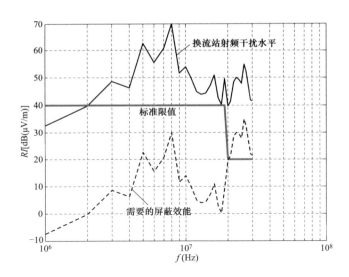

图 4-10　不同频率下高压、低压阀厅的无线电干扰水平及要求得屏蔽效能

　　全部阀厅最大辐射强度约为 70dB（μV/m）。20MHz 以下，需要的屏蔽效能最大为 30dB；20M～30MHz 频段，需要的屏蔽效能最大为 35dB。

　　从以上计算结果可以看出，阀厅需要的屏蔽效能在不同频率情况下存在较大差异，在较低频率下，需要较低的屏蔽效能，随着频率的增加，需要的屏蔽效能随之增大。总之在 1M～30MHz 全部频段，阀厅达到 35dB 的屏蔽效能，即可达到标准限值要求。

4.4.4 阀厅射频干扰（30M～1GHz）水平

图 4-11 给出了不同频率情况下，阀厅射频干扰水平最大值随频率的变化曲线。从图 4-11 可以看出，单一阀厅最大射频辐射约为 20dB（μV/m）。

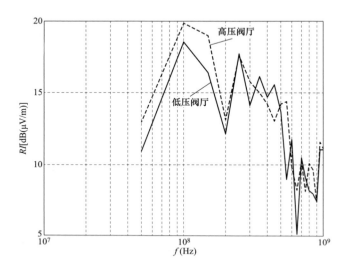

图 4-11 阀厅射频干扰水平最大值随频率的变化曲线

将四个阀厅的结果总和作为全部阀厅的无线电干扰水平。图 4-12 给出了阀

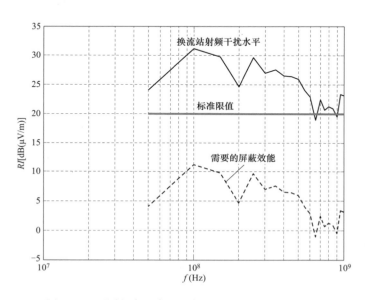

图 4-12 不同频率下高压、低压阀厅的射频干扰水平

厅对外的无线电干扰水平。从图 4-12 可以看出，单一阀厅最大射频辐射约为 32dB（μV/m）。与标准要求对比，虽然阀厅需要的屏蔽效能在不同频率情况下存在差异，但是达到 12dB 的屏蔽效能就可以对全部频率的干扰达到限值要求。

4.5 阀厅和控制楼的屏蔽

阀厅和控制楼都应做好电磁屏蔽。阀厅电磁屏蔽的主要目的是抑制内部电磁骚扰的外泄，而控制楼电磁屏蔽的主要目的是阻碍外来电磁骚扰的进入。阀厅和控制楼均属于典型的大型屏蔽体，其尺度可达十至数十米。大型屏蔽体电磁屏蔽的主要特点是接缝多，这些接缝是由于大量金属板的搭接形成的。此外，屏蔽体表面还会因一些实际需要而开孔。由于金属板本身对除低频磁场以外的电磁场都具有很高的屏蔽效能，所以开孔和接缝是屏蔽体内外电磁耦合的主要途径，是影响电磁屏蔽效能的主要因素。为了保证屏蔽体的屏蔽效能，必须对各种孔缝进行妥善的处理。有些开孔，比如便于母线穿越阀厅墙壁而开的孔，可以通过物理封堵的办法来减小其电磁泄漏。另外一些开孔，比如通风孔和窗户等，具备除电磁屏蔽以外的功能，不能被直接物理封堵，需要采用具电磁屏蔽功能的孔阵结构，比如蜂窝波导管或金属网。此时，波导管或金属网孔的孔径是决定屏蔽效能的主要因素。下面分别针对阀厅和控制楼表面的不同部位，阐述相应的电磁屏蔽设计原理。实际设计时，应结合需要达到的屏蔽效能指标选择相关参数。

4.5.1 阀厅墙壁的屏蔽

墙壁的屏蔽用金属板来实现。金属板的电导率、磁导率和厚度是影响其屏蔽效能的主要因素。金属板对正入射远场平面电磁波的屏蔽效能（SE）的计算公式如下：

$$SE = 20\lg\left\{\left|\frac{(Z_0+Z)^2}{4Z_0 Z}\times\left[1-\left(\frac{Z_0-Z}{Z_0+Z}\right)^2 e^{-2\alpha t}\,e^{-j2\beta t}\right]\right|e^{\alpha t}\right\} \tag{4-6}$$

其中，Z_0 和 Z 分别为电磁波在空气和金属板中的波阻抗，α 和 β 分别为电磁波在金属板中的衰减常数和相位常数，t 为金属板的厚度。假设金属板的电导率、介电常数和磁导率分别为 σ，ε 和 μ，则有 $Z_0=\sqrt{\mu_0/\varepsilon_0}$，$Z=\sqrt{j\omega\mu/(\sigma+j\omega\varepsilon)}$，$\alpha+j\beta=\sqrt{j\omega\mu(\sigma+j\omega\varepsilon)}$。

式（4-6）也可推广到近场情况，只需将 Z_0 替换成相应的近场波阻抗即可。具体而言，对于电场波，$Z_0 \rightarrow [\lambda/(2\pi r)]\sqrt{\mu_0/\varepsilon_0}$；对此磁场波，$Z_0 \rightarrow (2\pi r/\lambda)\sqrt{\mu_0/\varepsilon_0}$。其中，$r$ 为场源到金属板的距离。

如图 4-13 所示，对于 10kHz 频率以上的电磁波，包括相对较难屏蔽的磁场波（1m 距离），0.5mm 厚度的铝板可提供 50dB 以上的屏蔽效能。考虑到 10kHz 频率以下的电磁骚扰主要以传导形式耦合进出，建议阀厅墙壁上用于电磁屏蔽的金属板可以选择 0.5mm 以上厚度的铝板或钢板。钢板可以改善对低频磁场的屏蔽效能。

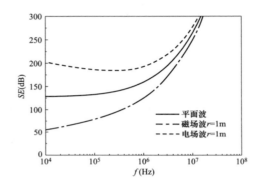

图 4-13　铝板对平面波、磁场波和电场波的屏蔽效能

4.5.2　金属板搭接间距的选取

一般用螺钉铆接的方式将金属板搭接起来。搭接间距，即相邻螺钉的间距，对阀厅和控制楼屏蔽效能有重要影响。综合理论和实验研究结果，在 10k～10MHz 频率范围，搭接间距 L 与屏蔽效能的对应关系大致如下：

（1）$L = 70$cm，电场屏蔽效能 40dB，磁场屏蔽效能 20dB。

（2）$L = 35$cm，电场屏蔽效能 45dB，磁场屏蔽效能 25dB。

（3）$L = 20$cm，电场屏蔽效能 50dB，磁场屏蔽效能 30dB。

对上述结果进行拟合，得出电场和磁场屏蔽效能估计公式分别为：

$$SE_E = 40 + 20\lg\frac{70}{L}(\text{dB}) \tag{4-7}$$

$$SE_H = 20 + 20\lg\frac{70}{L}(\text{dB}) \tag{4-8}$$

其中，搭接间距 L 以 cm 为单位。

在对金属屏蔽板进行搭接时应注意：金属表面要紧密接触、光滑、清洗干净，并去除非导电物质；在搭接前应使搭接面干燥，搭接后要防潮；避免敲击已固定好的螺钉和反复打入、取出螺钉。

综合考虑，要想确保40dB的屏蔽效能，建议阀厅的搭接间距取20cm。

4.5.3 阀厅穿墙套管的电磁封堵

穿墙套管瓷套中有很多同心圆筒形管状的金属膜，构成穿墙套管的电容均压系统。穿墙套管中的这些同心圆筒形管状的金属膜对电磁辐射而言，构成了圆形波导管系统，对频率低于其截止频率的电磁辐射形成阻断而实现屏蔽作用，其电场的屏蔽效能可按式（4-9）进行计算：

$$SE_E = 32\frac{l}{d}(\text{dB}) \tag{4-9}$$

式中，d 为圆形波导管的内直径，应明显小于被屏蔽频率的电磁波波长的一半。l 为波导管的长度。穿墙套管法兰还应与阀厅屏蔽体进行良好的电气连接。为了达到40dB的屏蔽效果，长度 l 应为直径 d 的1.25倍以上。

在穿墙套管与阀厅屏蔽体或含屏蔽网的混凝土墙之间需填加封堵材料。封堵材料主要具有三个作用：第一，对穿墙套管起到机械支撑作用，因此要求封堵材料具有一定的机械强度；第二，对电磁辐射起到屏蔽隔离作用，因此要求封堵材料中应含有导电材料；第三，穿墙套管中流过的工频和谐波电流不应在封堵材料上产生过大的涡流损耗，因此要求封堵材料中的导电材料为薄导体板。综合这些要求，封堵材料一般为三明治层状结构，封堵材料外面两侧为导电材料，可以是厚度为0.5mm的薄钢板，中间层为绝缘性能良好、介质损耗小、具有一定机械强度的非金属材料。

4.5.4 观察窗

观察窗应该铺设金属网或使用内含金属网的特制的透明玻璃。

观察窗的金属网应与阀厅屏蔽体进行良好的电气连接。将主要电磁骚扰源远离金属网放置也可明显减少其对外电磁泄漏。

若选用金属网，其对远场平面波的屏蔽效能可以通过下式计算

$$SE = 20\lg\left|1 + \frac{Z_0}{2Z_s}\right| \tag{4-10}$$

其中，Z_s 代表金属网的等效表面阻抗。

$$Z_s = \frac{2a}{\pi d^2 \sigma} \sqrt{j\omega\mu\sigma d^2} \frac{I_0(j\omega\mu\sigma d^2/4)}{2I_1(j\omega\mu\sigma d^2/4)} + j\omega \frac{\mu_0 a}{2\pi} \ln \frac{1}{1-e^{-\pi d/a}} \qquad (4-11)$$

式中　ω——电磁波角频率；

σ、ε 和 μ——分别为金属线的电导率、介电常数和磁导率；

　a 和 d——分别为金属线和网孔的直径。

图 4-14 给出了不锈钢（电导率 $1.1\times10^7\,\mathrm{S/m}$，相对磁导率 200）金属网对平面波的电磁屏蔽效能随波频率的变化情况。可以看出：随频率增加屏蔽效能下降，减小网孔孔径可以提高屏蔽效能。考虑到磁场波的屏蔽效能要低于平面波，为了获得较稳妥的屏蔽效果，建议金属网的孔径为 2cm。

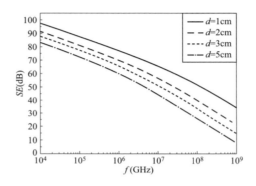

图 4-14　不同孔径金属网的平面波屏蔽效能

4.5.5　其他部位的电磁屏蔽

（1）屏蔽门。阀厅的门应该采用含钢板或铝板等导电材料制作的屏蔽门，钢板或铝板的厚度一般为 1mm 左右，或双层各厚 0.5mm。屏蔽门与阀厅屏蔽体应通过弹簧铜片来做到良好的电气连接。相邻两个连接点的间距应在 20cm 以下。在相邻电气连接点之间的缝隙处应使用电磁密封衬垫，以进一步改善屏蔽效果。

（2）通风孔。可以采用如下两种方法解决通风口的屏蔽问题。

1）含孔阵金属板。孔的形状应为圆形，孔的直径应尽可能小，至少 2cm 以下。在条件许可的情况下，相邻两孔之间的间距应尽量大。

2）金属网。在通风孔上安装金属网，金属网与屏蔽体之间要可靠的电气连接，以防止缝隙的电磁辐射泄漏。网孔尺寸应依据所需的屏蔽效能来选取。建议金属网的网孔孔径应在 2cm 以下。

（3）电缆沟。在电缆沟的上方铺设金属盖板。条件许可时，可将电缆沟上面的金属盖板与阀厅接地网连接，以提高屏蔽效果。电缆沟上面的金属盖板的四周用角铁作边，并在电缆沟沿上做接地线与接地带电气连接，以增强屏蔽效果。

在电缆沟中应沿电缆铺设截面至少 $50mm^2$ 的平行接地导线，其两端应与阀厅接地网电气连接，或与接地网多点电气连接。所有接地导线在相交处应电气连接。电缆沟最好能平行靠近接地网的导体，并且在电缆沟内设接地带与接地网连接。

（4）地面。阀厅的地面应采用钢筋混凝土建造。地面的钢筋网的网孔尺寸可按 $15cm \times 15cm$ 选取。若混凝土中含多层钢筋网，可以适当扩大钢筋网的网孔尺寸。各层钢筋网之间可以不直接进行电气连接，此时各层钢筋网应该直接与换流站接地网多点电气连接。

（5）天花板。阀厅的天花板可采用钢板或铝板制作，板厚度 0.5mm 以上。钢板与钢板之间、钢板与阀厅屏蔽墙壁之间应具有良好的电气连接。这种连接可以通过每隔一段距离的螺钉铆接来实现。相邻螺钉的间距应在 20cm 左右。

阀厅的天花板也可采用金属网和其他非金属复合结构制作。金属网的网孔的尺寸在 2cm 以内。

（6）阀厅内巡视通道的屏蔽。阀厅巡视通道是运行人员巡视阀厅内换流阀系统运行状态的路径。阀厅内换流阀系统运行时，巡视通道内的电磁环境水平应该低于职业人员电磁环境曝露限值。阀厅巡视通道一般为沿阀厅屏蔽墙体用角铁架起的、用金属网围成的笼状结构的通道。相邻角铁架之间应通过螺钉在多点进行良好的电气连接。金属网应以点焊的方式焊接在角铁上。金属网的网孔的尺寸可通过其屏蔽效能的对应关系选取。金属网的笼状结构对低频磁场源的屏蔽效果最差，因此，阀厅巡视通道应尽量远离换流变压器、平波电抗器以及大电流交、直流导线。阀厅巡视通道金属网一般取宽约 1m、高约 2m，网孔尺寸约 2cm，网线直径约 1mm。巡视通道金属网应在多点与阀厅屏蔽墙体进行电气连接。

总之对于电磁屏蔽设计一般具有以下规律。将开孔尺寸、搭接间距及金属网孔径和铺设面积等控制在一定范围内，以减少通过它们的电磁泄漏。不同元器件在屏蔽体内的位置应合理安排，尽量将电磁敏感性高的元器件放在屏蔽体内场强较低的地方。如果可以确定比较大的辐射源所在的位置，要尽量使电力系统二次设备的开口面背向辐射源。由于低频磁场不易屏蔽，应尽量将强的磁场源布置在远离屏蔽体表面的位置。在低频磁场干扰较强的情况下，应采用高导磁材料来作为屏蔽材料。在屏蔽体的电磁谐振频率点，屏蔽效果会很差，场强甚至会增大，若有对此频点敏感的设备，应附加其他屏蔽措施，如二次屏蔽或加滤波器等。

第 5 章　换流站电磁兼容测量

测量技术在分析换流站电磁环境特性方面具有重要的作用。特别是对于像换流站这样汇集了大量电力系统一次和二次设备的场所，理论分析的结果与实际参数的误差仍然较大，更需要通过现场的实测获得骚扰特性或屏蔽特性。本章首先介绍了用于电磁兼容测量的设备，然后介绍了电磁环境和阀厅屏蔽效能的测量方法，最后给出了测量实例。

5.1　换流站电磁环境测试方法概述

电磁环境是存在于给定场所的所有电磁现象的总和。对于换流站而言，"给定场所"是指站内区域及其站外周边的邻近区域。站内区域的电磁现象十分丰富。换流阀是实现交直流转换的核心设施，因此阀厅内既有直流和工频电压、电流、电场和磁场，又有因换流阀导通和关断而产生的瞬态宽频电压、电流、电场和磁场，这些量共同构成阀厅的电磁环境。交流开关场与交流变电站的开关场基本相同，稳态运行时的工频电压、电流、电场和磁场，以及因断路器和隔离开关操作而产生的瞬态电压、电流、电场和磁场共同构成交流开关场的电磁环境。直流开关场的直流电压、电流、合成电场、磁场，以及因隔离开关操作和滤波器投切操作而产生的瞬态电压、电流、电场和磁场共同构成直流开关场的电磁环境。站外区域的电磁现象较为简单，主要是将换流站作为一个完整电力设施对周边的邻近区域电磁影响的角度考虑。直流和工频电场和磁场由于随距离的增加衰减很快，因此仅需考虑到换流站围墙外几十米范围。辐射电磁场的传播距离较远，需要考虑到换流站场屈以及周边几百米范围。

为了对构成换流站电磁环境的各个电磁量进行有效的测量，需要分析电磁量的特征形式，以便确定需采用的测量设备和测量方法。通常将电磁量分为稳态和瞬态两大类。稳态电磁量包括换流站正常运行产生的直流和工频电压、电流、电场和磁场，以及因电晕放电、局部放电和火花放电等引起的辐射电磁场。瞬态电磁量包括因开关操作、雷击和短路故障产生的瞬态电压、电流、电场和磁场。换流阀的导通和关断是瞬变过程，从短时间尺度来看是瞬态量，但由于具有长期的稳定的重复性，因此通常从长时间尺度将其看作稳态量。测量的方法分为频域和时域两类。频域测量方法的目的是获得被测信号的频谱特征，稳态电磁量一般采用频域法测量。频域法的主设备是测量接收机或频谱分析仪。时域测量方法的目的是获得被测信号的时域波形，瞬态电磁量一般采用时域法测量。时域法的主设备是数字存储示波器或瞬态记录仪。

5.2 换流站传导性电磁骚扰测试

换流站内的传导性电磁骚扰也分为稳态和瞬态两类。低频稳态传导骚扰是由交直流换流过程产生的，主要表现为工频的谐波电压和谐波电流。换流阀的导通和关断过程也会产生频带很宽的传导骚扰，此外，高频稳态传导骚扰还可由电晕放电、局部放电和火花放电等各类放电过程产生的，具有频带宽、幅值小的特点。瞬态传导骚扰主要由开关操作、雷击和短路故障产生的，具有频带宽幅值高的特点。对于不同的骚扰量需要采用不同的测量设备和测量方法。

5.2.1 测量设备

无论电磁骚扰的形式如何，测量接收机或数字存储示波器均是主要的测量设备，因此首先对这两种设备做以介绍。对于传导性电磁骚扰而言，电压探头和电流探头是主要的辅助设备，也做简要介绍。

1. 测量接收机

测量接收机是典型的频域测量设备，即测量结果是信号的频谱。如果将测量接收机的测量数据读出，可以用一个两列的数据表格存放：一列数据是频率值，另一列数据则是与频率值相对应的电压值。

一个被测信号既可以是像正弦波那样的单频率信号，也可以是像无线电广播某个电台的调幅信号那样的窄带信号。但是，多数情况下测量的目的是获得某一较宽频带内的全部信号频谱。因此这就要求测量接收机必须具有较宽的频带范围。现代测量接收机通常采用超外差接收法实现宽频带测量。基于超外差接收技术的测量接收机的原理框图如图 5-1 所示。

从功能上来分，测量接收机主要由四个子系统组成。第一个子系统是信号变换与信号调理子系统，由图 5-1 中的传感器、衰减器和射频放大器构成，该系统的功能是将被测参量变换调理成一定幅度范围的电压信号。当被测参量是电

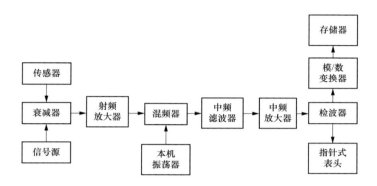

图 5-1 测量接收机的原理框图

压信号时，传感器就是电压探头；当被测参量是电流信号时，传感器就是电流探头；而当被测参量是空间电磁场信号时，传感器就是场强探头或天线。总之，无论被测参量的形式怎样，经过传感器变换后都变成电压信号并输入到测量接收机。当输入的电压信号较大或较小时，就由测量接收机内部的衰减器和射频放大器对电压信号作调整，即变换量程，以便使得进入到后级的电压幅值在一个相对稳定的范围内。第二个子系统是扫频与频率选择子系统，由图 5-1 中的本机振荡器、混频器、中频滤波器和中频放大器构成。该系统的功能是在被测频带选定后，通过本机振荡器的扫频作用，由混频器和中频滤波器完成对频带内各个频点的选择。第三个子系统是检波子系统，由图 5-1 中的检波器构成。该系统的功能是对经过放大后的中频信号进行检波，获得被测频点的幅值信息。第四个子系统是存储与显示子系统，由图 5-1 中的模数变换器、存储器、显示器和指针式表头构成。其功能是完成对信号幅值的模数变换与存储，以及测量结果的数字式显示或指针式指示。

图 5-1 中的信号源被集成在测量接收机的内部，主要用来对测量接收机的增益特性进行校准，以保证测量结果的准确性。通常，测量接收机还安装有扬声器，用以播放经解调输出的音频信号。这在区分某些频段的无线电广播与环境电磁骚扰方面十分有用。

为了规范测量接收机的生产和使用，以便保证测量结果的可信度和可重复性。国际无线电干扰特别委员会 CISPR 出版的标准 CISPR 16-1-1《无线电骚扰和抗扰度测量设备的测量方法规范 第 1-1 部分：无线电骚扰和抗扰度测量设备 测量设备》规定了测量接收机应当具有的电气特性及其技术指标，我国的 GB/T 6113.101—2016《无线电骚扰和抗扰度测量设备的测量方法规范 第 1-1 部分：无线电骚扰和抗扰度测量设备 测量设备》等同采用了该标准。下面结合 CIS-

PR16 的内容介绍测量接收机的电气特性：

（1）频率特性：指测量接收机总的工作频带范围。现代测量接收机的工作频带范围都涵盖 9k～1GHz 的标准频段。CISPR16 标准还将这一频带范围划分为 A、B、C、D 四个频段：A 频段 9k～150kHz，B 频段 150k～30MHz，C 频段 30M～300MHz，D 频段 300M～1GHz。

（2）检波特性：按照 CISPR16 的规定，测量接收机应当具有 4 种检波方式，即峰值检波、准峰值检波、平均值检波和有效值检波。检波方式主要取决于检波器的充、放电时间常数。检波器的充电时间常数定义为从恒定正弦波电压加到检波器的输入端瞬间起，到检波器输出电压达到其终值的 63％止经历的时间。检波器的放电时间常数定义为从移去加在检波器输入端的恒定正弦波电压瞬间起，到检波器输出电压降至其初始值的 37％止经历的时间。CISPR16 对峰值检波方式规定了放电/充电时间常数的比值：A 频段小于等于 1.89×10^4，B 频段小于等于 1.25×10^6，C 频段和 D 频段小于等于 1.67×10^7。可见充电时间常数远小于放电时间常数，这有利于检波器及时跟踪并稳定保持骚扰电压包络的变化。因此峰值检波方式主要用于检测骚扰信号包络的最大值。准峰值检波方式的充电时间常数比峰值检波方式略大，而放电时间常数则比峰值检波方式小，因此通常准峰值检波的输出电压不能达到输入中频信号的峰值，是比峰值小的"准峰值"。两种检波方式对同一骚扰电压测量的读数差值主要取决于包络的变化规律。准峰值检波方式接近人耳对噪声强度的响应特性，尤其是人耳对重复性脉冲噪声的感觉。即响应不仅与脉冲噪声的强度有关，而且与脉冲噪声的重复频率有关。CISPR16 标准规定的准峰值检波的充电/放电时间常数为 A 频段 45/500ms，B 频段 1/160ms，C 频段和 D 频段 1/550ms。该标准对平均值检波和有效值检波方式的充电/放电时间常数没有规定。平均值检波的结果是输入电压包络的平均值，有效值检波的结果则是输入电压包络的均方根值。

（3）脉冲特性：由于在宽频带的电磁骚扰中，以脉冲形式出现的情况很多，因此必须对测量接收机的脉冲特性做严格规定，以便统一对该类信号的测量结果。测量接收机的脉冲响应包括脉冲幅值关系和脉冲频率关系。从校准的观点看，前者又称为绝对脉冲特性，是指测量接收机在所有调谐频率上对给定的基准试验脉冲的响应与调谐频率上对未调制正弦信号的响应相等，误差不得超过 ± 1.5dB。校准时脉冲发生器和正弦信号发生器的源阻抗均为 50Ω。正弦信号发生器的开路电压为有效值 2mV。准峰值检波方式下测量接收机的基准试验脉冲的特性见表 5-1。表中，脉冲强度定义为某一脉冲电压对时间积分的面积。脉冲频率关系又称为相对脉冲特性，是指保持测量接收机的指示值不变时，输入脉冲的幅值与其重复频率的关系。

表 5-1　　　　　准峰值检波方式下测量接收机基准试验脉冲的特性

频率范围	脉冲强度（μV·s）	均匀频谱最小上限（MHz）	重复频率（Hz）
9k～150kHz	13.5	0.15	25
150k～30MHz	0.316	30	100
30M～300MHz	0.044	300	100
300M～1000MHz	0.044	1000	100

（4）频率选择特性：测量接收机的频率选择特性是指各个频段所采用的中频滤波器的通带范围。CISPR16 规定的各个频段的测量带宽 BW 为：A 频段 200Hz，B 频段 9kHz，C 频段和 D 频段 120kHz。前述 4 种检波方式采用相同的带宽规定。为了统一各个频段中频滤波器的频率响应特性，CISPR16 还规定了各个频段中频滤波器幅频响应曲线的容差范围。

（5）过载特性：仪器的过载是指由于被测信号的幅值太大，超过了仪器的线性工作范围，使得测量示值不能正确反映被测信号的实际值的现象。对于测量接收机而言，由于被测脉冲噪声的脉冲尖峰可能比平均电平高出很多，因此对测量接收机的过载特性提出了很高的要求。测量接收机的过载特性是由过载系数衡量的。过载系数定义为电路的稳态响应离开理想线性不超过 1dB 时的最高电平与指示器满刻度偏转指示所对应电平的比值。对于准峰值检波方式，过载系数分为检波前和检波后两部分。检波前过载系数反映了从接收机输入端至检波器前电路的过载特性。检波后过载系数则反映了从检波器输出端至接收机指示之间电路的过载特性。CISPR16 规定的准峰值检波方式的检波前/检波后过载系数为：A 频段 24dB/6dB，B 频段 30dB/12dB，C 频段和 D 频段 43.5dB/6dB。其他 3 种检波方式则只给出了检波前过载系数的要求。

（6）其他特性：测量接收机是电磁兼容测试设备中最为复杂的设备。对它的特性的描述涉及诸多方面，除了上述的 5 大特性外，还有以下一些特性：

1）阻抗特性：要求测量接收机在全频段内输入阻抗应为 50Ω，由于阻抗不匹配引入的电压驻波比不得超过 2.0。

2）误差特性：以对正弦波电压的测量精确度给出，规定当施加 50Ω 源阻抗的正弦波电压时，正弦波电压的测量精确度应当优于 ±2dB。

3）中频抑制特性：当测量接收机的指示保持不变时，输入的中频正弦波电压与调谐频率的正弦波电压之比（中频抑制比）不得小于 40dB。

4）镜频抑制特性：由前面测量接收机的超外差接收原理可知，混频器的输出中既包含有本机振荡器频率与输入信号频率的差频项又包含有它们的和频项，在差频项的频率落入中频滤波器的通带内的同时，必定还有一些频率成分与本机振荡器频率之和也进入中频滤波器的通带内，这些频率成分称为"镜像频率"。这些镜像频率是影响测量准确度的因素，需要加以抑制。CISPR16 规定当指示保持不变时，输入镜像频率的正弦波电压与调谐频率的正弦波电压之比（镜频抑制比）不得小于 40dB。

5）屏蔽特性：是指测量接收机在承受所处电磁环境中的干扰时性能不降低的特性。CISPR16 对屏蔽特性的要求是：在 3V/m 的电磁环境内，在 9k～1GHz 的频率范围内的任一频点上，接收机规定的指示范围的最大值和最小值所产生的误差不得大于 1dB。

除了上述技术特性外，CISPR16 还对乱真信号影响、互调效应影响、随机噪声影响和接收机输出端口端接阻抗的影响等多方面的特性进行了规定。

2. 数字存储示波器

数字存储示波器是一种通用的时域测量仪器，它能够观察和记录被测信号的幅度随时间变化的历程。有许多的电磁骚扰在时域是瞬态的波形，电磁兼容领域对瞬态的定义是：在相邻稳定状态之间变化的物理量或物理现象，其变化时间小于所关注的时间尺度。诸如由雷电、静电放电和电气设备的开关操作等引起的电磁骚扰均为瞬态形式。前述的测量接收机由于需要扫描过程，因此无法测量分析该类电磁骚扰。数字存储示波器则可以记录瞬态电磁骚扰的时域波形，还可以进一步利用 FFT 技术分析信号的频谱。

图 5-2 为数字存储示波器的原理框图，其核心是由 A/D 变换器、触发电路和时钟电路组成的具有触发功能的数据采集系统。除此之外，预调整电路内含衰减器和放大器，将输入信号调理到 A/D 变换器工作范围内。为了消除频谱混

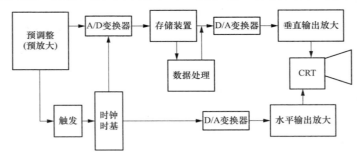

图 5-2　数字存储示波器的原理框图

叠现象，预调整电路内通常还含有抗混叠滤波器。数据处理单元可以对存储装置内的数据进行计算分析，得到信号的峰-峰值和持续时间等信息。信号波形通过 CRT 或液晶显示在屏幕上。现代数字存储示波器还具有磁盘驱动器、USB 接口或 RS-232 接口，通过它们可以将测量数据复制到计算机上。

采用数字存储示波器观察和记录电磁骚扰波形的效果取决于其技术特性：

（1）采样率：每秒钟采样点的个数，单位为 kS/s 或 MS/s，由于在数值上等于采样时钟脉冲的频率，因此也可以采用 Hz 作为单位。根据采样定理，采样率应当设定为被测信号最高频率成分的 2 倍以上，一般要求采样率为最高频率的 5 倍。

（2）模拟带宽：是指数字存储示波器能够分析信号的频带宽度。它受到预调整电路频带宽度的限制，并与最高采样率有关，通常最高采样率在模拟带宽的 2.5 倍以上。

（3）分辨力：包括时间分辨力和幅度分辨力。时间分辨力是指对于信号波形时间过程的分辨能力，数值上是采样率的倒数，即采样间隔。幅度分辨力是指对于信号波形幅度变化的分辨能力，通常由 A/D 变换器的 bit 位数衡量，一般为 8bit，也有 10、12bit 或更高位数。

（4）存储深度：在单次采集过程中能够存储的数据点数，单位为 kB 或 MB。存储深度与采样间隔的乘积即为记录时间。

3. 电压探头与电流探头

测量不同形式的传导骚扰需要采用不同的电压探头和电流探头。对于高频稳态传导骚扰一般采用 CISPR16-1-2《无线电骚扰和抗扰度测量设备和测量方法规范　第 1-2 部分：无线电骚扰和抗扰度测量设备　辅助设备》规定的电压探头和电流探头，我国的 GB/T 6113.102—2016《无线电骚扰和抗扰度测量设备的测量方法规范　第 1-1 部分：无线电骚扰和抗扰度测量设备　测量设备》等同采用了该标准。对于幅值较低的低频稳态传导骚扰一般采用示波器标配的 10∶1 的电压探头即可。对于瞬态传导骚扰则要用到宽带高压探头和电流探头。

（1）高频电压探头。图 5-3 是 CISPR16 标准推荐的电压探头的原理图。图中，测量接收机的输入电阻为 R，分压电阻的阻值为$(1500-R)\Omega$。电容器的作用主要是隔离直流，同时对低频的电源电压呈现较大的阻抗。而对高频骚扰电压则呈现很小的阻抗。电感器主要起保护作用，由于在低频时其感抗很小，因此当电容器击穿时，来自被测线路的直流和工频电流可以由电感器分流。在高频时电感器呈现较大的感抗，分流作用很小。这样在忽略电容器的容抗和电感

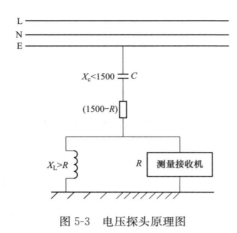

图 5-3　电压探头原理图

器的感抗后，被测线路的高频骚扰电压 U 与测量接收机的测量电压 U_r 之间的关系为

$$U = \frac{1500}{R}U_r \qquad (5\text{-}1)$$

如果需要测量不同电压等级的供电线路上的高频骚扰电压，可以通过改变分压电阻的大小来调整插入损耗，同时避免测量接收机的输入电压超过限值。根据 CISPR16 标准的规定，电压探头的插入损耗应当在 9k～30MHz 的频率范围内的 50Ω 系统中校准。在使用电压探头时应当注意以下 3 点：

1）如果采用保护措施，那么保护装置对测量精度的影响不能超过 1dB，否则应当予以校准；

2）在使用时，要确保被测骚扰电平远大于环境噪声电平，否则测量就没有意义；

3）为了降低环境磁场的影响，连接电压探头的导线、被测电源线和参考地之间形成的环应当尽可能小。

（2）宽带高压探头。换流站内的各类瞬态骚扰电压通常具有幅值高和频带宽的特点，需要用到宽带高压探头。宽带高压探头的结构形式和工作原理与高压试验中用于测量冲击电压的分压器基本相同，但是频带更宽。高压探头的基本功能是将高电压变换为示波器能够接收的低电压，并且不对信号波形带来或尽量小的带来畸变。根据实现形式的不同，宽带高压探头分为以下几种：

1）电阻分压器。顾名思义，就是采用电阻元件实现分压的电路。如图 5-4 所示，R_1 和 R_2 构成了基本的电阻分压电路，其中 R_1 为高压臂电阻，R_2 为低压臂电阻。使用时左端输入端口接高压端，右端输出端口接示波器。在不考虑高压端和示波器端阻抗特性的情况下的理想变比为 $K = R_2/(R_1 + R_2)$。

为了保证测量的可行性和准确性，应注意以下问题：

a. 为了减小探头的接入对被测电

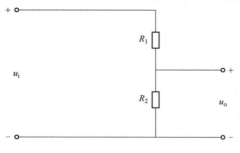

图 5-4　电阻分压器原理图

路的影响，要求高压探头输入端口的输入阻抗足够高。由于在使用时需将高压探头并联接入被测电路，因此探头的输入阻抗越高对被测电路的影响就越小。一般应至少具有 $1M\Omega$ 以上的输入阻抗，最好在 $10M\Omega$ 以上。

b. 高压探头输出端口应当与示波器阻抗匹配。高压探头输出端口的引线越短越好，但是在实际应用中，为了使得示波器与高压端保持足够的距离，输出端口的引线也不宜太短。通常采用同轴电缆实现输出端口与示波器的互联，为了消除或降低信号在电缆首末端的反射带来的畸变，需要解决好电缆首末端的阻抗匹配问题。

c. 分布参数的影响及补偿措施。当被测信号中含有几十兆赫的频率分量时，探头分布参数的影响将十分明显。在探头的高压端，为了降低引线电感的影响，通常将引线做的很短。由于高压臂电阻很大，高频时其两端的电容效应不容忽视。输入端的杂散电容将使被测信号的上升沿变缓，降低探头传递函数的高频响应，是影响探头宽频特性的重要因素之一。低压臂的电容效应相对较弱，但由于输出端的引线较长，因此引线的分布参数特别是引线电感的影响较大。示波器的输入端也有杂散电容，也会影响信号的波形。可见，对于宽频带信号而言，分压电阻、杂散电容和引线电感等多种因素的共同作用产生了实际记录的信号波形。为了尽可能多地对波形的畸变进行矫正，商品化的宽带高压探头通常具有补偿网络。补偿网络一般位于探头引线的末端，相当于在测量系统中级联进一个双口网络。补偿网络在同时兼顾探头前端和示波器输入端分布参数的情况下效果最好，因此含有补偿网络的宽带高压探头通常与特定型号的示波器匹配使用。当换用其他型号的示波器时其补偿功能下降，需要重新校准。

2）电容分压器。如图5-5所示，C_1 和 C_2 构成了基本的电容分压电路，其中 C_1 为高压臂电阻，C_2 为低压臂电阻。使用时左端输入端口接高压端，右端输出端口接示波器。在不考虑信号端和示波器端阻抗特性的情况下的理想变比为 $K=C_1/(C_1+C_2)$。

为了降低探头接入对被测信号的影响，高压端的输入阻抗应当足够高，这就要求 C_1 和 C_2 不能同时为大。频率高时输入端口杂散电容的作用也不容忽视，但由于分压元件本身就是电容，因此仅会影响分压比，而对波形

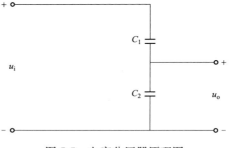

图5-5　电容分压器原理图

的影响很小。输出端引线电感的负面影响则要强于电阻分压器，主要原因是较大的低压臂电容与引线电感产生的寄生振荡频率明显压低了探头的频带。在使用电容分压器构成测量系统时，也应考虑引线电缆的阻抗匹配问题。

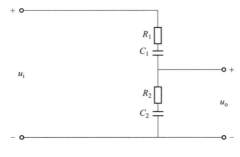

3）阻容分压器。为了在较宽频带内实现变比稳定的分压，可以同时采用电阻和电容元件。如图 5-6 所示为阻容串联型分压器的原理图。

阻容串联型分压器针对电容分压器的寄生振荡问题，通过引入具有阻尼作用的电阻元件以削弱高压臂本体内的、高压引线与分压器入口杂散电容间的以及高压引线首末端间的振荡，从而改善分压器测量系统的高频性能。

图 5-6　阻容串联型分压器原理图

4）微分积分测量系统。对被测信号先微分后积分处理，通过调节微分和积分时间常数控制变比，实现被测信号幅值按比例缩小的测量系统。原理电路如图 5-7 所示，其中 C_d 和 R_d 分别为微分电容和微分电阻，R 为阻尼电阻，DL 为同轴电缆，方框内为积分电路。稳态分压比为 $K = T_i/T_d$，T_i 和 T_d，分别为积分和微分时间常数。

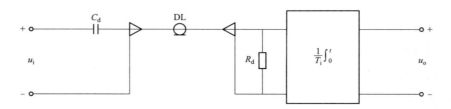

图 5-7　微分积分测量系统原理图

由于微分电容 C_d 可以取得很小，因此测量系统的输入阻抗很大，对被测信号的影响很小。通过优化设计微分和积分环节的参数，测量系统对瞬态波形的保持程度可以很好，即具有很好的宽带响应特性。但是，当被测信号的上升沿很陡时，积分处理将导致 R_d 上出现幅值极高的尖峰脉冲电压。一方面，在使用时需要对做特殊处理，比如将其置于变压器油中；另一方面，R_d 的引线电感效应将因尖峰电流的通过而加强，需要良好设计以便消除或大大抑制引线电感。

以上简要介绍了 4 种宽带高压探头的工作原理和主要特点，给出的电路图仅表示其工作原理，当测量宽频骚扰时，需要考虑引线电感和杂散电容等分布参数。

必要时需要级联宽频补偿网络，以抑制信号波形的畸变。上述每种探头各有优缺点，在使用时需要在预测分析被测电压幅值特征和宽频特征的基础上选用。

（3）电流探头。为了能够在不断开被测线路的情况下实现电流的测量，电流探头优先采用卡钳式结构。其原理与电流互感器相同，被测线路为单匝的初级线圈，而将缠绕在一个可分合的磁芯上的多匝导线作为次级线圈。为了保证足够宽的频率响应范围，次级线圈的匝数不宜过多，典型的匝数为7～8匝。磁芯材料的选取则因工作频带的不同而不同：100kHz以下采用硅钢片，100k～400MHz采用铁氧体材料，200M～1GHz则为空心结构。

描述电流探头特性的最重要的参数是传输阻抗Z_T，也称为转移阻抗，它定义为测量接收机测量电压U_r与被测骚扰电流I的比值，即$Z_T = U_r/I$。如果采用对数表示，则为$Z_T(dB\Omega) = U_r(dBV) - I(dBA)$。这样在已知传输阻抗的情况下，被测电流可以由测量电压与传输阻抗相减得到：$I(dBA) = U_r(dBV) - Z_T(dB\Omega)$。为了计算方便，通常将传输阻抗的倒数定义为传输导纳Y_T，从而可以由加法运算得到被测电流：$I(dBA) = U_r(dBV) + Y_T(dBS)$。

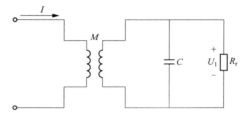

图5-8为电流探头等效电路图，图中的C为等效次级分布电容，由该图可以得到传输阻抗的表达式。设次级线圈的电感为L，则可以推导出

图5-8　电流探头等效电路图

$$Z_T = \frac{j\omega M}{1 - \omega^2 LC + j\dfrac{\omega L}{R_r}} \tag{5-2}$$

在中频段，$\omega^2 LC \approx 1$，则式（5-2）简化为

$$Z_T = \frac{MR_r}{L} \tag{5-3}$$

在低频段，$\omega^2 LC \ll 1$，则式（5-2）简化为

$$Z_T = \frac{j\omega M}{1 + j\dfrac{\omega L}{R_r}} \tag{5-4}$$

在高频段，$\omega^2 LC \gg 1$，则式（5-2）简化为

$$Z_T = \frac{j\omega M}{-\omega^2 LC + j\dfrac{\omega L}{R_r}} \tag{5-5}$$

从上述各式可以看出，只有在中频段传输阻抗 Z_T 才与频率无关，从而构成频率响应平坦的测量频段。进一步分析表明，当次级线圈的匝数和结构一定时，次级分布电容 C 基本不变，影响近似条件 $\omega^2 LC \approx 1$ 的因素主要是电感 L。而此时次级线圈的匝数和结构一定，因此电感 L 的数值主要取决于所使用的铁芯材料的特性。这就是上述不同测量频段的电流探头需要使用不同铁芯材料的原因。

对电流探头技术特性的要求主要有以下几个方面：

1）传输阻抗的频率响应：满足式（5-3）近似关系的频率构成电流探头的线性频率范围，典型探头的线性频率范围为：$100\mathrm{k} \sim 100\mathrm{MHz}$、$100\mathrm{M} \sim 300\mathrm{MHz}$ 和 $300\mathrm{M} \sim 1\mathrm{GHz}$。传输阻抗在线性频率范围的值为 $0.1 \sim 5\Omega$。

2）插入阻抗：电流探头由次级阻抗反射到初级的输入阻抗，由于该阻抗对于初级电路而言为串联阻抗，因此称为插入阻抗。插入阻抗改变了初级电路的电气参数，从而改变了被测电流的大小，带来测量中的引入效应。特别是当初级电路自身的输出阻抗很低时，该效应将更加明显。一般规定插入阻抗不大于 1Ω。

3）磁饱和特性：当初级线路的工作电流增大时，可能引起电流探头的磁饱和，因此通常规定误差不超过 1dB 时初级线路的最大直流或最大交流电源的电流限值。

4）屏蔽特性：电流探头在工作时，其次级线圈可能受到空间电场和磁场的影响。通常将次级线圈及其铁心置于一个高导电率的屏蔽盒内，以实现对电场的屏蔽。关于外磁场的影响，规定当载流导体从探头孔径内移至探头外附近时，测量值应至少减少 40dB。

除了上述 4 个特性外，通常还结合电流探头的使用特点，做出相应的规定。比如规定电流探头的孔径应当足够大以便放置被测线路。而当被测线路在电流探头内放置时，因位置的不同带来的误差在 30MHz 以下应当小于 1dB，在 $30\mathrm{M} \sim 1\mathrm{GHz}$ 范围内应当小于 2.5dB。又比如规定在电流探头与被测线路之间的分布电容应当小于 25pF 等。

5.2.2 测量方法

尽管换流站内传导电磁骚扰的源头在一次系统，但由于一次系统的电压等级高，因此不便在一次系统上直接挂接宽带电压探头或套接电流探头。换流站内的二次设备是主要的被干扰对象，因此可以将测量点选在二次设备的端口上。需要指出，在二次设备端口上的电磁骚扰不仅在幅值大小上与一次系统的不同，而且骚扰波形也有很大差异。其原因一方面是连接一次系统和二次系统的 TV 和 TA 的传输带宽不足以无失真的传输宽频带的瞬态波形,另一方面由空间的电磁场耦合到二次电缆上的传导骚扰会叠加到二次设备端口上,因此二次设备端口上的电磁骚扰是 TV 和 TA 变换的、空间耦合的和接地系统耦合的共同作用的结果。

在测量地点的选择上,可以根据测量的目的在以下两点接入:

(1)开关场的汇控柜或端子箱,在此处接入探头得到的骚扰主要来自 TV 或 TA 的二次侧,空间电磁场的耦合量较小。

(2)保护小室内二次设备机柜上的端子排,如上所述,在此处接入探头得到的骚扰是多种耦合因素的总和。测量站内电源系统的骚扰时也可在保护小室的 220V 供电系统上接入。

对于稳态骚扰和瞬态骚扰的测量,可分别采用以下测量系统及方法:

(1)高频稳态骚扰的测量主设备是接收机,配合电压探头和电流探头使用。在测量共模骚扰电压时,将电压探头的高压端接 TV 的二次端子,低压端与地相连;在测量差模骚扰电压时,将电压探头的高低压端子分别接 TV 的两个二次端子。在测量共模骚扰电流时,将电流探头套接在 TV 或 TA 两条信号线的外端;在测量差模骚扰电流时,将电流探头套接在 TV 或 TA 信号线中的一条上。接收机的电源应当取自隔离变压器,最好采用充电电池经逆变后的独立电源系统供电。为了抑制空间干扰,接收机最好置于屏蔽箱内。

(2)瞬态骚扰的测量主设备是示波器,配合电压探头和电流探头使用。在探头的接入方面与上述高频稳态骚扰的测量相同。由于瞬态骚扰的幅值很强,通过空间耦合对示波器输入端的影响明显,因此如果测量点选在开关场,则需要将示波器置于具有 40dB 以上屏蔽效能的屏蔽箱内并采用独立电源系统供电。当测量点选在保护小室内时,对于保护小室距离开关场近的情况,也建议对示波器屏蔽。为了保证测量结果的有效性,需要在对被测骚扰的特征进行预测的基础上设定示波器的各项参数:

1)量程设定。对于交流开关场的开关操作瞬态骚扰,一般共模电压为千伏量级,差模电压为百伏量级。在参考探头变比的基础上设定示波器电压幅值的量程,最恰当的量程设置是被测波形占据示波器纵向幅值范围的 2/3。

2)采样率设定。通常要求示波器的采样率设定为被测信号最高频率的 2.5 倍,考虑到瞬态信号的上升沿很陡,测量时建议将采样率设定为最高频率的 5 倍以上。

3）记录时间。采样率设定后，记录时间的长度只取决于示波器的存储深度。由于电弧的重燃，因此由开关操作激发的瞬态骚扰是一组脉冲群。单个脉冲的持续时间约为 $20\mu s$，整个脉冲群的持续时间可达几十毫秒，如果需要记录整个脉冲群的波形，则需要示波器具有上百兆字节的存储深度。

在实际测量中，上述参数的设定很难一次符合要求，需要在测试中不断调整。如果测量地点在高压开关场区，测试人员不方便多次进出手动调整参数与存储数据，因此需要配套安装基于光纤传输的示波器远程控制与数据传输系统。

5.3 换流站辐射性电磁骚扰测试

在换流站空间分布着由各类骚扰源激发的电磁场。由电晕放电、局部放电和火花放电等各类放电现象激发的空间电磁场具有频带宽、范围广的特点，由直流、工频及其谐波激发的空间电磁场具有幅值高、衰减快的特点。上述两类属于稳态空间骚扰，由雷击、开关操作和短路故障激发的电磁场具有幅值高、方向性强的特点，属于瞬态空间骚扰。这三类骚扰的测量设备和方法各不相同，下面分别做以介绍。

5.3.1 稳态电磁骚扰的测量方法

用于测量高频稳态空间骚扰的主设备是测量接收机，配合各类天线使用。前文已对测量接收机做了介绍，下面介绍天线特性参数及常用天线类型。

5.3.1.1 天线特性参数

当电气设备的尺寸与信号波长相当时，不仅其外接线路，而且其外壳本身也将向周围空间辐射电磁波。为了将空间电磁场变换为测量接收机能够测量的电压信号，需要用到天线。天线的种类繁多，但在无线电干扰测量方面，根据测量频段的不同，选用的天线已经基本标准化。

在介绍各类天线之前，首先介绍天线的一些共同特性：

（1）天线系数 AF：对于接收天线而言，接收点的场强与该场强在天线输出端生成的电压之比，即 $AF=E/U$。天线系数可以在校准场地测量得到，一旦得到天线系数，就可以将其与测量接收机的测量电压相乘，并补偿天线输出端至测量接收机输入端连接电缆的衰减后得到被测场强值。

（2）极化特性：电磁波中的电场分量决定了波的极化方向。在用天线测量电磁波时，天线感应体的放置方向与电场矢量方向的夹角直接影响感应电压的大小。实际应用中，一般取天线的垂直和水平两个极化方向进行测量。

（3）方向性：天线的方向性表现为当天线在水平面旋转时，其感应电压随旋转角度变化的特性。方向性表示天线集中辐射能量的程度，常用方向性系数来表示。对于发射天线而言，方向性系数定义为在产生相等电场强度的前提下，无方向性的点源天线的辐射功率与某天线的总辐射功率的比值，即 $D = P_0/P$。若将天线转换输入功率的效率 η 考虑在内，则有天线增益 $G = \eta D$，其物理含义是在产生相等电场强度的前提下，点源天线需要的输入功率与某实际天线需要的输入功率比值。当天线固定时，常用方向图描述天线的方向性。天线的方向图是用极坐标形式表示的不同角度下天线方向性的相对值。

（4）天线的电压驻波比 n_{VSWR}：天线感应的电压需要经由电缆传给测量接收机，当天线的输入阻抗与电缆的特性阻抗不匹配时，将在电缆上产生驻波。失配的程度由电压驻波比衡量，它定义为驻波波腹值与波节值的比值，当已知反射系数 ρ 时，其值为

$$n_{VSWR} = \frac{1+\rho}{1-\rho} \tag{5-6}$$

根据天线的互易性，上述由发射天线引出的参数定义同样适用于接收天线。

5.3.1.2 常用天线类型

在电磁兼容测量领域中用于无线电骚扰测量的天线型式主要取决于测量频段。下面按照测量频段的不同，介绍常用的天线。

（1）9k～150kHz 频段：该频段的电磁骚扰主要是磁场分量，因此通常采用带电屏蔽的环形天线，或采用合适的铁氧体磁棒天线。对该类天线的平衡性有一定的要求：当天线在均匀场内旋转时，垂直于极化方向的电平应当至少比平行于极化方向的电平低 20dB。

（2）150k～30MHz 频段：该频段的电磁骚扰既有电场分量又有磁场分量，测量磁场分量也是采用带电屏蔽的环形天线，对天线平衡性的要求与（1）相同。测量电场分量则采用非平衡的鞭状天线，鞭状天线的底部通常安装有接地金属板。

（3）30M～300MHz 频段：对该频段电磁骚扰的测量一般容易满足远场条件，电磁波的电场分量与磁场分量具有固定的波阻抗关系。该频段的标准天线是双锥天线，它是宽带天线的一种，天线的增益在整个频段内均较高。此外，平衡偶极子天线也是这一频段的标准天线，规定当频率等于或高于 80MHz 时，天线的长度应为谐振长度。频率低于或等于 80MHz 时，天线的长度应为

80MHz 时谐振长度。应当采用一个平衡—不平衡变换器，以便使天线与测量接收机的馈线相匹配。在该频段对天线平衡性的要求与（1）相同。

（4）300M～1GHz 频段：该频段的标准天线是对数周期天线，它具有增益高、驻波比低、频带宽等特点。性能参数为：天线增益 0～6dB，驻波比小于 1.5，频带范围可达 80M～1GHz，连续波功率 50W，阻抗 50Ω。需要指出，对数周期天线的频带范围也得到了扩展，可达 3GHz。也可以采用偶极子天线，但是由于该频段对应的天线尺寸较小，因此通常天线的灵敏度较低。

（5）100M～10GHz 频段：该频段电磁骚扰的测量采用螺旋天线，它既可以测量线极化波又可以测量圆极化波。性能参数为：天线增益约 4dB，驻波比 1.6～1.9，频带范围可达 80M～1GHz，连续波功率 50W，阻抗 50Ω。该天线的尺寸较小：200M～1GHz 时长度为 81cm，1G～10GHz 时长度为 38cm。

图 5-9 给出了上述各类天线的图片。

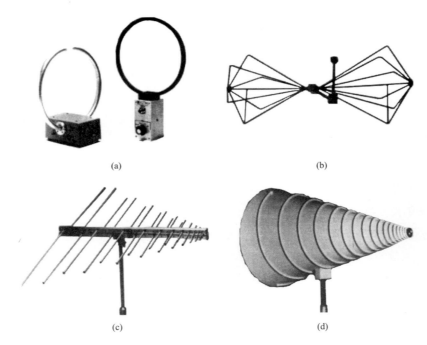

（a）   （b）

（c）   （d）

图 5-9　各类天线的图片

（a）环形天线；（b）双锥天线；（c）对数周期天线；（d）螺旋天线

将测量接收机与上述各类天线相连接就组成了空间稳态电磁骚扰的测量系统。在具体实施时需要注意以下问题：

（1）是否需要依据相关标准。这取决于测量的目的是什么，对于评估电磁环境影响的测量通常需要依据相关标准，比如换流站电磁环境影响的测量。而以换流站内一次设备对二次设备影响的测量，或以评估站内环境为目的的测量通常无标准可循，需要根据实际情况确定测量方法。

（2）接收机检波方式的选择。如前所述，测量接收机具有峰值检波、准峰值检波、平均值检波和有效值检波 4 种检波方式。在实施测量工作时要根据标准规定或测量目的确定采用的检波方式，峰值检波和准峰值检波是两种最常用的检波方式。

（3）天线极化方向的选择。空间稳态电磁骚扰的场强分量是有方向性的，天线极化方向的不同会使测量结果出现很大差异。为了全面获得场强信息，通常将环形天线旋转 360°以确定最大场强方向，而对于双锥天线和对数周期天线则设置水平和垂直极化两个方向。

（4）天线位置的选择。对于需要依据相关标准的测量，则按照标准的规定选择天线位置。否则，需要注意两点：一是天线与带电构架保持足够的绝缘距离，以避免人员和接收机遭受电击；二是天线与人员、金属构架和墙壁等保持足够的距离，以免影响测量准确度。

5.3.2 瞬态电磁骚扰的测量方法

换流站内的空间瞬态电磁骚扰表现为瞬态电场和瞬态磁场，产生的原因是开关操作、雷击、故障和静电放电。静电放电激发的空间场强较弱，雷击和故障为偶发事件，因此从测量的角度看主要针对开关操作。

变电站空间瞬态电场和瞬态磁场属于近场，具有幅值高、频谱宽的特点。由于不像远场那样具有波阻抗的固定关系，因此需要分别测量电场和磁场。记录瞬态信号的设备是示波器。前述用于测量空间稳态场强的各类天线由于频带窄无法使用，需要采用宽频带的电场探头和磁场探头完成场强变换。

由于信号传输通路和传感探头均处于强电磁环境内，所以不能直接采用电缆连接。光纤具有宽频带、电绝缘和极强的抗电磁干扰性能，是在强电磁环境内传输测量信号的理想通路，因此通常采用光纤作为探头和示波器之间的传输介质。

由开关操作激发的空间瞬态电场和磁场频带范围可达 100MHz，但主要频率成分在 40MHz 以下，一般要求测量系统的频带范围从 50Hz～100MHz。用于测量瞬态电场的探头通常采用球形，由于曾在 500kV 变电站内测量得到十几千伏/

米的开关操作瞬态电场，因此需要测量系统具备峰值 20kV/m 以上的性能。用于测量瞬态磁场的探头通常采用环形线圈，需要测量系统具备峰值 1kA/m 以上的性能。国内外一些公司和大学已研制出满足上述要求的测量系统。

在换流站现场实施测量工作时，需要解决好探头的布设和示波器参数的设定两个问题。由于采用光纤作为信号传输介质，因此测量探头可以放置在满足绝缘距离要求的任何地方，甚至可以放在对地高电位区域。在示波器参数设定方面需要注意以下问题：

（1）量程的选择。需要在对场强进行预测及对已有测量结果分析的基础上设定示波器的量程。在没有依据的情况下，可以电场 20kV/m 和磁场 200A/m 作为参考量程。

（2）采样率设定。建议将采样率设定为最高频率的 5 倍以上，对于考虑 100MHz 的频率成分，建议采样率 500MS/s。

（3）记录时间。记录单个脉冲的持续时间约为 $20\mu s$，整个脉冲群的持续时间可达几十毫秒，如果需要记录整个脉冲群的波形，则需要示波器设定 100ms 以上的记录时间。

在实际测量中，上述参数的设定很难一次符合要求，需要在测试中不断调整。

5.4　换流站阀厅屏蔽效能测试

在换流站运行期间，换流阀将辐射很强的电磁场，为了有效地抑制该辐射场对站内外区域的电磁骚扰，需要阀厅顶部和墙壁具有一定的屏蔽效能。本节介绍阀厅屏蔽效能的测量标准和测量方法。

5.4.1　测量标准

阀厅属于大型屏蔽体，其屏蔽效能的测试可以依据 IEEE 299 标准（2006 年版），或中国国家标准 GB/T 12190—2006《电磁屏蔽室屏蔽效能的测量方法基本信息》。两者在内容上基本一致。上述两个标准适用于各边尺寸不小于 2m 的电磁屏蔽室屏蔽效能的测量和计算。测试频率范围为 9k～18GHz。根据需要，频率向两端可以扩展至 50Hz 和 100GHz。

对于尺寸小于 2m 的屏蔽体，国家标准有 GJB 5185—2003《小屏蔽体屏蔽效能测量方法》。国际上，IEEE 组织发布了一个标准草案（P299.1/D4），目前尚未被批准。

5.4.2　测量方法

这里只给出测量方法的简要介绍，更详细的内容请参考上述两个标准。

应在阀厅建成之后换流器安装之前或尚未投入运行时测量阀厅的屏蔽效能。测试前，任何能影响屏蔽效能测量结果的仪器都必须经过校准。

测量的频率范围应与换流器运行时产生的电磁骚扰的主要频率范围相一致。测量的具体频率范围应根据实际情况选取。详细的测量方法将测试频段分为低频段、谐振频段和高频段。在不同的频段上需使用不同的设备和测试方法。

屏蔽体的屏蔽效能定义为参考信号（没有屏蔽体时接收到的信号值）与屏蔽信号（存在屏蔽体时接收到的信号值）的比值，即发射天线与接收天线之间存在屏蔽体以后所造成的插入损耗，并以 dB 为单位。应保证每个测试配置都有合适的动态范围，动态范围至少应比屏蔽室的屏蔽效能大 6dB。

1. 低频段测量（9k～20MHz）

在低频段，屏蔽体对磁场源的屏蔽效果最差。选择具有静电屏蔽功能的小环天线作为发射和接收天线，以评价阀厅对低频磁场的屏蔽效果。环形天线的直径取 0.3m。推荐在以下三个频段内各选择一个频点进行测试：9k～16kHz、140k～160kHz 和 14M～16MHz。

测试时，如图 5-10 所示，发射天线位于阀厅外，离阀厅墙壁外表面 0.3m。天线中心离地高度 1m 以上。接收天线位于阀厅内，离阀厅墙壁内表面 0.3m，与发射天线对称共面放置。通过调节信号源的输出功率和功放的增益，增大发射天线的发射功率，使得接收信号明显大于背景场强。记录下此时接收机显示的信号强度，即屏蔽信号。测量参考信号时，应选择一块开阔测试场地，使发射天线和接收天线距离为 0.6m 加阀厅墙壁总厚度，并保持信号源的输出功率和功放的增益与先前相同，接收机显示的信号强度即为参考信号。

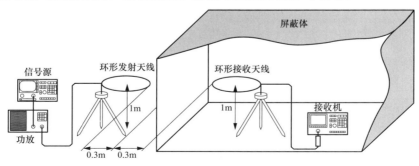

图 5-10　低频段屏蔽效能的测量示意图

对于屏蔽体上的不连续之处，如接缝、门缝和开孔、开窗处，应专门设置屏蔽效能测试点。此时，天线的环面应与缝隙走向垂直。对于较长的缝隙，应沿缝隙走向再增加一些测试点以保证两个测试点间距不超过 1m。

2. 谐振频段（20M～300MHz）

因为大多数屏蔽室的最低谐振频率都在该频段内，所以这一频段被称为谐振频段。一般测试时应尽量避开这些谐振频点，但如果出于实际需要，则不管潜在谐振是否有影响，测试都必须进行。在 20M～100MHz 频率范围内，发射天线和接收天线均为双锥天线；在 100M～300MHz 频率范围内，发射天线和接收天线均为半波偶极天线。

谐振频段屏蔽效能的测量示意图如图 5-11 所示，发射天线位于阀厅墙壁外表面 2m，天线中心离地高度 1m 以上。接收天线位于阀厅内，离阀厅墙壁内表面至少 0.3m。由于谐振效应，屏蔽体内部场强分布极不均匀，故应让接收天线在屏蔽室内的所有位置和极化方向上移动以寻找最大的信号。用记录下来的最大值作为屏蔽信号。

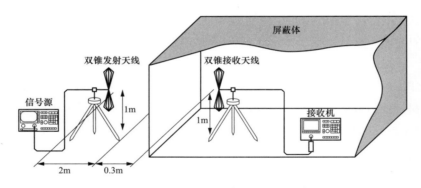

图 5-11　谐振频段屏蔽效能的测量示意图

测量参考信号时，选择一块开阔测试场地，发射天线和接收天线的距离应与测量屏蔽信号时相同，并保持信号源的输出功率和功放的增益与先前相同。当天线为水平极化时，接收天线在垂直方向上至少移动±0.5m；而当天线为垂直极化时，接收天线在横向方向上至少移动±0.5m。记录接收机显示的最大信号强度，即为参考信号。

对于阀厅这样的大型屏蔽体，应以间隔不超过 2.6m 的距离选择多个测试点（发射天线的位置）。同时，应分别对发射天线的水平和垂直极化状态进行测试。

3. 高频段测量（300M～1GHz）

在该频段，入射到屏蔽体的场可近似为平面波。高频段屏蔽效能的测试的方法和布置与谐振频段相同，只不过天线应选用对数周期或偶极子天线等线极化天线。

5.5 换流站电磁环境测试实例分析

在上述内容介绍换流站电磁环境测试设备和方法的基础上，本节通过实例介绍测量工作的实施和典型结果。

5.5.1 阀厅电磁环境的测量

换流站的阀厅内安装有交直流转换的换流阀组，是直流输电工程的核心。换流阀的导通和关断是阀厅内宽频电磁场的主要激励源。此外，直流引线在其邻近区域产生合成电场和直流磁场，交流引线产生工频及其谐波频率的电场和磁场，这两者构成阀厅内的低频电场和低频磁场分布。交直流引线、阀间引线和电抗器等高压设备的电晕、局部放电和火花放电等也在阀厅内激发出高频电磁场。以上因素的共同作用构成了阀厅内的复杂电磁环境。

阀厅电磁环境的测量需要按照低频段和宽频段分别进行。低频段的测量数据主要反映工频及其谐波激发的空间电场和磁场水平。宽频段的测量数据主要反映阀厅内的无线电干扰水平。在实施测量工作时，需要考虑到测量地点选择的合理性和可行性。在停电期间，测量人员可以进入阀厅的地面或巡视走廊。在运行期间，测量人员既不能进入阀厅地面，也不能在地面布设测量设备，但可以进入巡视走廊巡视或短时间停留。巡视走廊通常装有屏蔽网，对电磁场具有较强的屏蔽作用，因此测量地点应当选择在屏蔽网外。

在国内某换流站调试试验期间，利用具有光纤传输系统的场强仪对阀厅内地面1.5m处的电磁场进行了测量。如图5-12所示，换流阀塔为吊装形式，阀塔上部为地电位，与天花板相连，阀塔下部为高电位，对地电压500kV。正常运行期间阀厅地面不允许有人员和设备进入。在该换流站调试试验期间，利用阀厅短期带电变负荷的机会，在带电前将电磁场仪布设在距地面1.5m高度，为了降低对换流阀的安全影响，一方面将布

图5-12 阀厅内场强仪测量布置图

设位置避开阀塔正下方；另一方面采用光纤连接场强仪和位于巡视通道内的主机。上述两项措施能够确保不破坏阀塔对地的安全距离。

测量设备为 EFA300 电磁场分析仪和 EMC20 电磁场测量仪。EFA300 电磁场分析仪的频带范围 5Hz～32kHz，主要用于测量工频及其谐波的电场和磁场。表 5-2 给出了对应输送功率为 150M～750MW 时探头处 9 个最大电场强度值的频率及其数值。

表 5-2 输送功率为 150M～750MW 时探头处 9 个最大电场强度值的频率及其数值

功率（MW）	项目	No. 1	No. 2	No. 3	No. 4	No. 5	No. 6	No. 7	No. 8	No. 9
150	频率（Hz）	49.97	600	150	1200	1800	300	2400	450	2100
	测量值（V/m）	313.8	248.2	124.1	123.6	81.8	64.8	38.2	27.24	24.67
300	频率（Hz）	49.97	599.7	150	2399	1199	299.9	2699	2999	2549
	测量值（V/m）	307.9	234.7	123.6	102.8	77.5	67.8	50.1	49.88	32.26
400	频率（Hz）	50	600	2400	150	300	1800	2700	2100	1200
	测量值（V/m）	306.9	232.8	146.5	127.9	69.4	62.6	52.5	50.1	47.42
450	频率（Hz）	50.01	600.4	2401	150.1	1801	300.2	2101	2251	2552
	测量值（V/m）	303.5	208.4	135.1	125.3	93.9	63.5	54.6	39.3	34.14
600	频率（Hz）	49.99	600	1800	150	2400	300	2100	1200	2250
	测量值（V/m）	301.5	199.2	135.7	132	95.8	64	54	42.18	41.79
750	频率（Hz）	50	600.2	1800	150	1200	3001	300.1	2701	1500
	测量值（V/m）	298.6	168.4	145.2	135.2	96.8	69.8	56	49.12	33.31

EMC20 电磁场测量仪的频带范围 100k～3GHz，主要用于测量高频段电磁场的综合值。表 5-3 给出了对应输送功率为 150M～750MW 时探头处的电磁场综合值。

表 5-3 EMC20 的电磁场综合值

功率（MW）	150	300	400	450	600	750
EMC20 读数（V/m）	4.42	5.2	6.06	5.83	6.02	5.99

阀厅内宽频带电磁场的测量设备如下：①SCR3502 电磁干扰接收机，频带范围 9k～2.75GHz；②ZN30900 环形天线，频带范围 10k～30MHz；③ZN30505 双锥天线，频带范围 30M～300MHz；④ZN30503C 对数周期天线，频带范围 200M～3GHz。

由于天线与接收机之间为电缆连接，因此无法像场强仪那样放置在阀厅地面。测量地点可以选在巡视走廊，但应当避免具有全封闭屏蔽网的部分，而应当选在屏蔽网敞开的位置。图 5-13 所示为阀厅内巡视走廊敞开位置环形天线布置图，再依次更换天线为双锥天线和对数周期天线，即可测量宽频带的无线电干扰数值。

图 5-14 所示为阀厅内巡视通道敞开位置电场强度频谱图，可见场强具有明显的离散频谱分布特征，高频可达 2GHz。

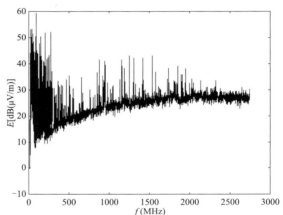

图 5-13　阀厅内巡视走廊敞开
位置环形天线布置图

图 5-14　阀厅内巡视通道敞开位置
电场强度频谱图

5.5.2　直流开关场电磁环境的测量

直流开关场的直流合成电场、直流磁场，以及整流过程产生的未被滤除的工频及其谐波电场和磁场构成了场区的低频段电磁骚扰。直流母线、隔离开关和直流引线等的电晕、局部放电和火花放电激发出宽频段的无线电干扰。因隔离开关操作和滤波器投切操作而产生的瞬态宽频电压、电流、电场和磁场构成瞬态电磁骚扰。

5.5.2.1　空间瞬态磁场的测量

如图 5-15 所示，磁场探头被布置在投切备用直流滤波器的刀闸下方，高度为 1.5m。测量得到了如图 5-16 所示的空间瞬态磁场波形与频谱。分析表明，瞬态磁场的峰-峰值为 57.3A/m，上升时间为 0.05μs，瞬态过程持续时间约为 16μs。高频分量可达 25MHz，主频分布在 400kHz、

图 5-15　磁场探头布置图

1.5MHz 和 7MHz 等频率点。

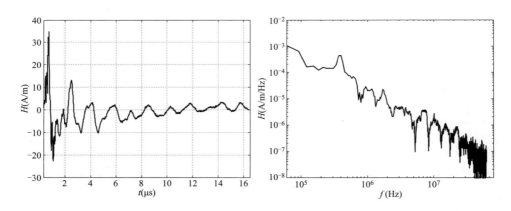

图 5-16　闭合备用直流滤波器操作时的空间瞬态磁场波形与频谱

5.5.2.2　传导瞬态骚扰电压的测量

直流开关场内通常设有二次设备小室，小室内二次设备的测量端口、控制端口和信号端口通过电缆连接到开关场内的一次设备上。当开关场的一次设备开关操作时，如线路接地和隔离状态切换的刀闸操作、单极大地回线转金属回线操作和投切备用直流滤波器等操作时，将在二次设备端口产生瞬态骚扰电压。

如图 5-17 所示为某 500kV 换流站直流开关场二次设备小室内信号端子测量到的瞬态电压波形和频谱，对应的操作形式为将直流线路由隔离状态操作到接地状态的开关操作。分析表明，瞬态电压振荡波形的峰-峰值为 170V，振荡波形持续时间 25μs，第一峰值上升时间 0.5μs。高频分量可达 5MHz，主频分布在 195kHz、586kHz、1.5MHz 和 2.5MHz 频率点。

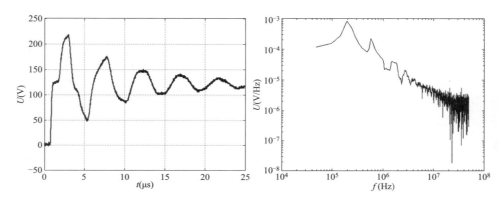

图 5-17　保护小室信号端子瞬态电压波形及其频谱

如图 5-18 所示为投切备用直流滤波器操作时在二次设备信号端子上测量得到的瞬态电压波形及其频谱。分析表明,瞬态电压具有明显的重复特性,这与操作刀闸两个触头间电弧的重燃相对应,重复间隔具有很强的分散性。单次瞬态电压振荡波形的峰-峰值为 22.4V,瞬态电压上升时间 $0.016\mu s$,振荡波形持续时间 $5\mu s$,瞬态间隔 $10\mu s$。高频分量可达 20MHz,主频分布 800kHz、1.5MHz 和 7MHz 频率点。

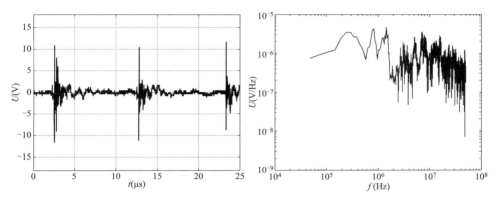

图 5-18　保护小室信号端子瞬态电压波形及其频谱

5.5.2.3　直流开关场稳态电磁场的测量

采用的设备为与阀厅内相同的接收机和各频段天线,测量地点选在直流开关场边缘外引直流线路的下方,天线高度为 1.5m,如图 5-19 所示。测量了输送功率为 125MW 和 600MW 时的空间场强,为了与背景噪声作比较,将测量结果显示在了同一张图上,如图 5-20 所示。分析表明,直流场带电后空间场强比背景噪声明显加强,特别是在 1MHz 频率范围内差值达 30~40dB,但是输送功率的提高并没有导致空间场强的显著提高,即空间场强值与输送功率没有直接的关系。

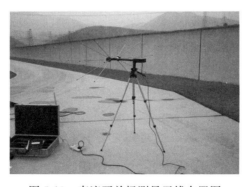

图 5-19　直流开关场测量天线布置图

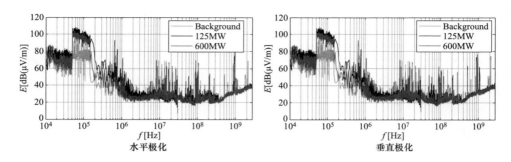

图 5-20 不同输送功率场强值与背景噪声的比较

附录 A　换流站保护小室和控制楼的电磁兼容测试要求

换流站内的二次设备较为集中的安装于控制楼二次设备室、交流开关场保护小室和直流开关场保护小室内。由于这三个场所建筑墙体对低频场强具有很好的屏蔽作用，因此可以不将直流和工频及其谐波电场、磁场列为测量内容。在保护小室内和控制楼内，主要的测量内容应为稳态宽频电磁骚扰和瞬态电磁骚扰。

A1　测量设备的要求

（1）稳态宽频电磁骚扰的测量设备。在换流站内，产生稳态宽频电磁骚扰的主要原因是一次设备运行时的电晕放电、局部放电和火花放电等。电磁骚扰的主要频谱成分在无线电频段，存在形式为空间电磁场和感应到电源线和信号线上的传导骚扰。空间电磁场的测量范围一般为 9k～1GHz，传导骚扰的测量范围为 9k～30MHz。

测量稳态宽频电磁骚扰的主设备是测量接收机，辅助设备是天线和电压、电流探头。

1）测量接收机。为了规范世界范围内电磁环境的测量与评估工作，国际电工委员会无线电干扰特别委员会制定了 CISPR16 系列标准，我国采纳并据此制定了国家标准。其中，中华人民共和国国家标准 GB/T 6113.101—2008《无线电骚扰和抗扰度测量设备和测量方法规范　第 1-1 部分：无线电骚扰和抗扰度测量设备　测量设备》是测量接收机的规范文件，分别给出了不同检波形式的接收机，即准峰值、峰值、平均值、均方根值、幅度概率分布测量接收机的技术性能要求。用于换流站无线电骚扰测量的接收机应当满足该标准的要求。测量换流站的无线电骚扰主要采用峰值和准峰值检波形式，其中峰值扫频范围为 9k～1GHz，接收机在各个频段的带宽设置为 9k～150kHz，频段 200Hz；150k～30MHz，频段 9kHz，30M～1GHz，频段 120kHz。各频段的准峰值频点选为 0.15MHz、0.25MHz、0.50MHz、1.0MHz、1.5MHz、3.0MHz、6.0MHz、10MHz、15MHz、30MHz、45MHz、65MHz、90MHz、150MHz、180MHz、220MHz、300MHz、450MHz、650MHz、900MHz。

2) 天线。关于天线的要求由中华人民共和国国家标准 GB/T 6113.104—2008《无线电骚扰和抗扰度测量设备和测量方法规范　第1-4部分：无线电骚扰和抗扰度测量设备　辅助设备　辐射骚扰》给出。其中，推荐在 9k～30MHz 频段采用环形天线，在 30M～300MHz 频段采用双锥天线，在 300M～1GHz 频段采用对数周期天线。用于换流站无线电骚扰测量的天线应当满足该标准的要求。

3) 电压和电流探头。中华人民共和国国家标准 GB/T 6113.102—2008《无线电骚扰和抗扰度测量设备和测量方法规范　第1-2部分：无线电骚扰和抗扰度测量设备　辅助设备　传导骚扰》给出了电压和电流探头的技术要求，用于换流站稳态宽频传导骚扰测量的电压和电流探头应当满足该标准的要求。

（2）瞬态电磁骚扰的测量设备。在换流站内，产生瞬态电磁骚扰的主要原因是开关操作、雷电和故障等。电磁骚扰的主要频谱成分在 40MHz 以内，高频分量可达 100MHz，存在形式为空间瞬态电磁场和感应到电源线和信号线上的瞬态传导骚扰。

测量瞬态电磁骚扰的主设备是数字存储示波器，辅助设备是瞬态电场和磁场传感器，以及瞬态高压探头和电流探头。

1) 数字存储示波器。数字存储示波器的主要技术参数及要求如下：①采样率。一般要求示波器的单次采样率不低于被测信号最高频率的 5 倍。如果考虑到瞬态骚扰的频率范围可达 100MHz，则应使示波器的单次采样频率至少在 500ms/s 以上。②存储深度。换流站的开关操作时，由于电弧的重燃，使得一次操作中有数十个瞬态脉冲产生，脉冲群的总持续时间可达上百毫秒。为了使示波器能够记录整个脉冲群，需要示波器必须具有足够的存储深度。以 200ms 信号时长计算，500ms/s 的采样频率下需要的存储深度为 100MB。③量程范围。高压探头的变比和示波器的量程设置共同决定测量范围。对于常用的 1000∶1 的高压探头而言，通常 40V 的量程范围能够满足要求。④输入阻抗。较好的示波器具有 1MΩ 的高阻输入档和 50Ω 的匹配输入档可选，选用哪一个档位取决于前端高压探头的要求。

2) 瞬态电场传感器和瞬态磁场传感器。要求两类传感器的频带范围应覆盖 50Hz～100MHz，由于建筑墙体的电磁屏蔽作用，因此对幅值要求不高，瞬态电场要求 1kV/m 以上，瞬态磁场要求 50A/m 以上。

3) 高压探头。一般要求高压探头具有 1000∶1 的变比和 DC-100MHz 的频带范围。

4) 电流探头。一般要求电流探头具有 1000A 的测量范围和 DC-100MHz 的频带范围。当需要测量换流站内接地排或金属构架的入地电流时，对于电流线圈的可套接直径也有要求。

A2　测量方法的要求

（1）稳态宽频电磁骚扰的测量。

1）空间电磁场的测量。①测量地点。换流站内交流开关场和直流开关场的保护小室和主控室的空间较为狭小，为降低空间电磁场测量时邻近效应的影响，应将天线布设在室内较为开阔的地方，与四周的金属构架保持足够的距离。②天线布设。一般选择天线中点的高度为 1.5m。在正式测量前，对于环形天线，应当旋转 360°并观察接收机的读数，以确定最大场强的方向并在正式测量时测量这一方向；对于双锥天线和对数周期天线，同样需要确定场强最大的方向，并且需要测量水平极化和垂直极化两个方向的场强值。③检波方式。首先设定接收机为峰值检波方式，并在测量频率范围内进行峰值扫描，然后设定接收机为准峰值检波方式，建议在 0.15MHz、0.25MHz、0.50MHz、1.0MHz、1.5MHz、3.0MHz、6.0MHz、10MHz、15MHz、30MHz、45MHz、65MHz、90MHz、150MHz、180MHz、220MHz、300MHz、450MHz、650MHz、900MHz 频率点进行点频测量。

2）传导骚扰的测量。将电压探头和电流探头与接收机配合使用，共同完成对传导骚扰的测量工作。根据需要，探头可以连接交流电源、直流电源或信号线。

（2）瞬态电磁骚扰的测量。

1）空间瞬态电磁场的测量。应将瞬态电场和磁场传感器的探头布设在保护小室或控制室内的空旷区域，探头中心高度为 1.5m。采用光纤连接探头和接收机，建议接收机和示波器均采用电池供电。

2）传导瞬态骚扰的测量。根据测量需要，可以将高压探头连接到被测二次电缆的芯线和接地端，以便测量共模电压，或者连接到两根芯线之间测量差模电压。也可以将高压探头连接到交流电源的中线和地线间，或者直流电源的正负极上，以便测量电源感应到的骚扰电压。

将卡钳式的电流探头套接在需要测量的二次电缆、交流电源或直流电源上，以便测量相应线路上的感应电流。

附录 B 换流站阀厅的电磁兼容测试要求

换流站阀厅是换流站的核心，也是电磁环境最为复杂的区域。一般需要测量工频及其谐波电场、磁场，以及稳态宽频电磁骚扰。

B1 测量设备的要求

（1）稳态宽频电磁骚扰的测量设备。对于测量接收机和天线的要求与附录 A 相同。当在一些高电位区域测量时，如不便使用测量接收机和天线，则需要采用具有光纤传输功能的宽频电磁场分析仪。

（2）工频及其谐波电场、磁场的测量设备。可以采用低频电磁场分析仪测量工频及其谐波电场、磁场。为了消除邻近效应，低频电场测量仪通常采用光纤传输。低频磁场测量仪则可以做成手持式，如果需要也可以采用光纤传输。

B2 测量方法的要求

（1）稳态宽频电磁骚扰的测量。

1）测量地点。在阀厅正常运行时，一般将测量地点选在巡视走廊具有裸露部分的地方。如在阀厅调试期间，也可以将测量地点选在阀厅地面。方法是：在阀厅带电前，将具有光纤传输系统的宽频电磁场分析仪放进阀厅内满足绝缘距离要求的区域。阀厅带电后开始测量，测量结束后利用阀厅停电期间移出测量系统。

2）天线布设。一般选择天线中点的高度为 1.5m。在正式测量前，对于环形天线，应当旋转 360°并观察接收机的读数，以确定最大场强的方向并在正式测量时测量这一方向；对于双锥天线和对数周期天线，同样需要确定场强最大的方向，并且需要测量水平极化和垂直极化两个方向的场强值。

3）检波方式。首先设定接收机为峰值检波方式，并在测量频率范围内进行峰值扫描，然后设定接收机为准峰值检波方式，建议在 0.15MHz、0.25MHz、0.50MHz、1.0MHz、1.5MHz、3.0MHz、6.0MHz、10MHz、15MHz、30MHz、45MHz、65MHz、90MHz、150MHz、180MHz、220MHz、300MHz、450MHz、650MHz、900MHz 频率点进行点频测量。阀厅内的宽频电磁骚扰测量可以扩展频带范围，如将高频段扩展至 3GHz，此时建议准峰值 1GHz 以上频率点为 1500MHz、1800MHz、2000MHz、2200MHz、2750MHz。

（2）工频及其谐波电场、磁场的测量。采用低频电磁场分析仪测量工频及其谐波电场、磁场时，应当将测量地点选在巡视走廊的裸露部分。如果条件允许，建议在满足绝缘距离要求的前提下将探头伸出巡视走廊，以避开巡视走廊屏蔽网的影响。

附录 C 换流站交、直流场的电磁兼容测试要求

需要在换流站交、直流场测量工频及其谐波电场、磁场，稳态宽频电磁骚扰，以及瞬态电场和磁场。

C1 测量设备的要求

（1）稳态宽频电磁骚扰的测量设备。对于测量接收机和天线的要求与附录 A 相同。

（2）工频及其谐波电场、磁场的测量设备。对于低频电磁场分析仪的要求与附录 B 相同。

（3）瞬态电场传感器和瞬态磁场传感器。要求与附录 A 相同，只是需要提高幅值范围，一般瞬态电场要求 100kV/m 以上，瞬态磁场要求 1000A/m 以上。

C2 测量方法的要求

（1）稳态宽频电磁骚扰的测量。

1）测量地点。通常选在邻近主变和母线的巡视通道上，要求测量区域较为开阔，测量人员和设备与一次系统保持足够的绝缘距离。也可以将测量地点选择在关心的其他区域。

2）天线布设。一般选择天线中点的高度为 1.5m。在正式测量前，对于环形天线，应当旋转 360° 并观察接收机的读数，以确定最大场强的方向并在正式测量时测量这一方向；对于双锥天线和对数周期天线，同样需要确定场强最大的方向，并且需要测量水平极化和垂直极化两个方向的场强值。

3）检波方式与电源。首先设定接收机为峰值检波方式，并在测量频率范围内进行峰值扫描，然后设定接收机为准峰值检波方式，建议在 0.15MHz、0.25MHz、0.50MHz、1.0MHz、1.5MHz、3.0MHz、6.0MHz、10MHz、15MHz、30MHz、45MHz、65MHz、90MHz、150MHz、180MHz、220MHz、300MHz、450MHz、650MHz、900MHz 频率点进行点频测量。建议测量接收机采用电池供电。

（2）工频及其谐波电场、磁场的测量。首先对换流站区域建立一个平面坐标系，将一些典型地点，如主变附近和母线下方等设定为测量地点，并将其位

置标注在坐标系上，然后沿巡视通道再增加一些测点。这样，通过测量获得工频及其谐波电场、磁场在换流站交直流场的一幅分布图。

（3）瞬态电场和磁场的测量。测量地点选在操作断路器或隔离开关的邻近区域，或者母线下方，探头高度为 1.5m。利用光纤将探头的测量信号传到远端的接收机，应将接收机和示波器放置在具有 40dB 以上屏蔽效能的密闭金属箱内，接收机和示波器应采用电池供电。

附录 D　换流站厂界的电磁兼容测试要求

换流站在运行时产生的各类电磁骚扰通过空间传播会对站外一定范围内的区域造成电磁影响。从环保角度出发，国际和国内均对骚扰水平规定了限制值，并给出了骚扰测量方法。在测量时将换流站围墙内的区域作为一个整体，同时考虑到了高压出线的影响。由于工频及其谐波电场和磁场随距离衰减极快，因此无线电干扰是主要测量对象。

D1　测量设备的要求

对于测量接收机和天线的要求与附录 A 相同。

D2　测量方法的要求

（1）测量地点。GB/T 7349—2002《高压架空送电线、变电站无线电干扰测量方法》的附录 A《直流送电线、换流站无线电干扰测量》规定的测量距离为：a）距最近带电构架投影 20m 处；b）围墙外 20m 处。同时，该标准还建议应在距换流站周边 0.5km 的若干点处进行测量。据此，建议的测量地点一类为换流站东西南北四个方向围墙外 20m 处，且避开进出线的位置；另一类为考虑进出线时距离 0.5km 的测量点，如附图 D-1 所示。图中 d1 可取 0.5km，d2＝（1/3）d1＝167m，d3＝20m，d3 右侧的虚线与高压出线平行。测量地点选应在地势平坦的区域，与换流站之间没有建筑或树木等遮挡物。

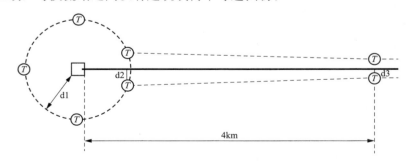

附图 D-1　考虑进出线时的测量地点

根据 CIGRE Publication No. 391、"Guide for the Measurement of Radio Frequency Interference from HV and MV Substations" 的建议，当换流站的长

宽尺寸太大时，需要增加测量地点，如附图 D-2 所示。

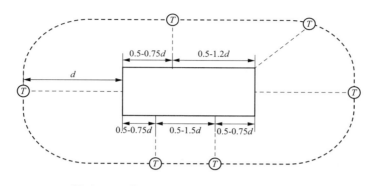

附图 D-2 换流站长宽尺寸太大时的测量地点

（2）天线布设。一般选择天线中点的高度为 1.5m。对于环形天线，应当将环形天线的面正对换流站中心方向和该方向的正交方向各测量一次，然后计算合成值作为测量值；对于双锥天线和对数周期天线，将天线方向图的主瓣方向指向换流站中心，分别测量水平极化和垂直极化两个方向的场强值。

（3）检波方式与电源。按照 GB/T 7349—2002 的规定，应当设定接收机为准峰值检波方式，并在频率范围 0.15M～30MHz 内选取 0.15MHz、0.25MHz、0.50MHz、1.0MHz、1.5MHz、3.0MHz、6.0MHz、10MHz、15MHz、30MHz 作为频率点进行点频测量，其中 0.5MHz 为参考测量频率。CIGRE Publication No.391 建议进行峰值扫频测量，在 0.5km 距离测量时应将测量频带扩展至 1GHz。测量接收机应采用电池供电。

参 考 文 献

[1] 赵畹君. 高压直流输电工程技术. 北京：中国电力出版社，2004.

[2] 张卫东. 变电站开关操作瞬态电磁干扰问题的研究［D］. 保定：华北电力大学电力工程系，2003.

[3] 崔翔，李琳，卢铁兵，等. 电力系统电磁环境的数值预测方法及其应用. 华北电力大学学报，2002，05（29）（增刊）：18-24.

[4] 卢铁兵. 变电站瞬态电磁环境数值预测方法的研究［D］. 保定：华北电力大学电力工程系，2001.

[5] 贺景亮. 预测直流换流站无线电频率干扰的数学模拟法. 武汉水利电力学院学报，1987（2）.

[6] 周明宝，瞿文龙. 电力电子技术. 北京：机械工业出版社，1997.

[7] 王琦，张卫东，饶宏，等. 换流阀电磁辐射模型初步研究［J］. 南方电网技术，2010，04（6）：54-57.

[8] 赵志斌，崔翔，王琦. 换流站阀厅电磁骚扰强度的计算分析［J］. 高电压技术，2010（3）：643-648.

[9] 王慧娟. 高压直流换流站阀体电磁辐射建模及实验研究［D］. 华北电力大学，2011.

[10] 赵中原，邱毓昌，于永明，等. 换流阀内可控硅端电压特性分析和缓中电路参数优化［J］. 中国电力，2003，36（1）：52-54.

[11] 余占清，何金良，曾嵘. 高压直流换流站换流阀开关电磁瞬态特性实验研究［J］. 高电压技术，2011，37（3）：739-745.

[12] 余占清，何金良，张波，等. 高压直流换流站中换流阀传导骚扰时域仿真分析［J］. 中国电机工程学报，2009（10）：17-23.

[13] 曾嵘，余占清，傅闯，等. ±500kV换流站交流侧刀闸操作对直流侧二次系统电磁干扰分析［J］. 南方电网技术，2008，2（4）：18-22.

[14] 余占清，何金良，曾嵘，等. 高压换流站的主要电磁骚扰源特性［J］. 高电压技术，2008，34（5）：898-902.

[15] GB/T 17624.1—1998 电磁兼容　综述　电磁兼容基本术语和定义的应用与解释.

[16] GB/T 7349—2002 高压架空送电线、变电站无线电干扰测量方法.

[17] GB/T 15707—2017 高压交流架空输电线路无线电干扰限值.

[18] GB 17799.4—2012 电磁兼容　通用标准　工业环境中的发射.

[19] GB 4824—2013 工业、科学和医疗（ISM）射频设备　骚扰特性限值和测量方法.

［20］ GB/T 17626.2—2018 电磁兼容　试验和测量技术　静电放电抗扰度试验.

［21］ GB/T 17626.4—2018 电磁兼容　试验和测量技术　电快速瞬变脉冲群抗扰度试验.

［22］ GB/T 17626.10—2017 电磁兼容　试验和测量技术　阻尼振荡磁场抗扰度试验.

［23］ GB/T 17626.6—2017 电磁兼容　试验和测量技术　射频场感应的传导骚扰抗扰度.

［24］ GB/T 17626.18—2016 电磁兼容　试验和测量技术　阻尼振荡波抗扰度试验.

［25］ GB/T 17626.12—2013 电磁兼容　试验和测量技术　振铃波抗扰度试验.

［26］ GB/T 17626.9—2011 电磁兼容　试验和测量技术　脉冲磁场抗扰度试验.

［27］ GB/T 17626.11—2008 电磁兼容　试验和测量技术　电压暂降、短时中断和电压变化的抗扰度试验.